本书研究获国家自然科学基金项目（70871121）和国家创新研究群体科学基金项目（70921001）的支持

面向特大自然灾害
复杂大群体决策模型及应用

COMPLEX LARGE GROUP DECISION
Making Models and its Application Oriented
Outsize Nature Disasters

徐选华　著

科学出版社
北京

内 容 简 介

本书是在我国特大自然灾害公共危机频繁发生的背景下，国家自然科学基金项目和国家创新研究群体科学基金项目的研究成果总结。本书系统地分析了特大自然灾害决策问题的特殊性和决策群体的特点，在此基础上提出了复杂大群体决策的概念，提出了复杂大群体决策模型理论框架；系统地阐述了面向特大自然灾害复杂大群体决策模型、方法、支持平台及其应用，主要包括复杂大群体决策偏好结构分析模型、确定型偏好信息复杂大群体决策偏好集结模型、不确定型偏好信息复杂大群体决策偏好集结模型、复杂大群体决策偏好冲突协调模型、复杂大群体决策支持平台，以及在重大冰雪灾害应急管理能力评价、大型水电工程复杂生态环境风险评价和"长株潭"城市群"资源节约型和环境友好型"产业评价支持系统中的应用等。

本书适用于高等院校管理科学与工程、系统工程、经济管理、自动控制等专业的研究生和高年级本科生作为教材或教学与研究参考书；也可作为 GDSS 科研与开发人员的研究参考书；对群决策和群决策支持系统领域的有关学者、高校师生有重要参考价值；还可以供不同层次的经济与行政管理和企事业单位的有关领导、管理人员和科技人员使用。

图书在版编目 (CIP) 数据

面向特大自然灾害复杂大群体决策模型及应用 / 徐选华著 . —北京：科学出版社，2012

ISBN 978-7-03-033419-0

Ⅰ. ①面⋯ Ⅱ. ①徐⋯ Ⅲ. ①自然灾害 – 灾害防治 – 群体决策 – 研究 Ⅳ. ①X432

中国版本图书馆 CIP 数据核字（2012）第 013535 号

责任编辑：林　剑 / 责任校对：包志虹

责任印制：徐晓晨 / 封面设计：耕者工作室

科 学 出 版 社 出版

北京东黄城根北街 16 号

邮政编码：100717

http://www.sciencep.com

北京中石油彩色印刷有限责任公司 印刷

科学出版社发行　各地新华书店经销

*

2012 年 2 月第 一 版　开本：B5（720 × 1000）

2017 年 4 月第二次印刷　印张：12 1/2

字数：234 000

定价：120.00 元

（如有印装质量问题，我社负责调换）

前　言

人类社会的发展、文明的进步以及由此带来的"科技以人为本"理念的不断深化，旨在促进经济发展和生活水平提高的同时，避免各种类型的自然灾害尤其是特大自然灾害带来的影响和损失。长期以来，人类运用科学技术的力量与自然界进行了各种形式的斗争，取得了可喜的成就，造福于人类社会，然而人类在自然界面前仍然显得十分渺小和力不从心，特别是近年来我国自然灾害尤其是特大自然灾害公共危机事件频繁发生，给我国人民生命财产和经济造成重大损失，这样促使着科学技术和管理科学向更高、更深和更广层次发展。应对特大自然灾害应该依靠全社会的智慧和力量，深入分析特大自然灾害的特点和应对策略，形成相应的应对预案，在应对预案框架下进行群体协同决策与指挥，评价相应预案和决策指挥效果，不断修正和完善应对预案，其中信息系统和决策支持系统尤其是群体决策支持系统是加强快速沟通和提高应对效率非常重要的手段和工具。

本书在上述背景下，系统地分析了特大自然灾害决策问题的特殊性和协同决策群体的特点，在此基础上提出了复杂大群体决策的概念，总结了复杂大群体决策的特点，比较系统地研究并提出面向特大自然灾害的复杂大群体决策模型和方法体系，形成复杂大群体决策模型理论框架，以此为基础研发了复杂大群体决策支持平台，并应用于实际灾害管理与决策等问题中。

本书主要内容由9个部分组成，具体如下：第1章为导论，系统地分析了特大自然灾害决策问题，分析了复杂大群体决策的特点，在总结群决策理论方法与支持系统的基础上提出了复杂大群体决策模型的理论框架。第2章为复杂大群体决策偏好结构分析模型，重点设计了复杂大群体偏好相聚模型，以此为基础提出了复杂大群体偏好聚类方法，利用聚集结构提出了复杂大群体偏好一致性分析模型并进行了一致性模拟和分析。第 3 章为确定型偏好信息复杂大群体决策偏好集结模型，根据决策问题的不同类型划分为"求解决策问题"群决策偏好集结模型和"多方案排序决策问题"群决策偏好集结模型。第 4 章为不确定型偏好信息复杂大群体决策偏好集结模型，根据决策群体不确定偏好信息的类别分别划分为基于效用值偏好信息、残缺值偏好信息、不确定语言值偏好信息、随机值偏好信息的复杂大群体决策偏好集结模型。第 5 章为复杂大群体决策偏好冲突协调模型，基于"和谐管理理论"提出了复杂大群体冲突协调原理，在该原理框架下分别提出了复杂大群体决策偏好冲突测度模型和冲突消解模型。第 6 章为复杂大群体决策支持平台，提出了平台的基本概念，设计了平台层次体系结构，设计了基于决策问题求解的平台系统处理流程与控制机制，在此基础上提出了平台功能结构，开发了复杂大群体决策支持平台。第 7 章为大型水电工程复杂生态环境风险评价应用。第 8 章为重大冰雪灾害应急管理能力评价应用。第 9 章为长株潭城市群"两型"产业评价支持系统应用。其中研究生王宏伟参与了 4.1 小节和 4.2 小节的研究和撰写工作，范永峰参与了 2.2.4 小节和第 5 章的研究和撰写工作，曹静参与了 2.1.2 小节和第 7 章的研究和撰写工作，李芳参与了第 8 章的研究和撰写工作，万奇锋参与了 4.4 小节的研究和撰写工作，胡浩和刘金鑫参与了第 9 章的研究和撰写工作，张丽媛参与了 2.1.3 小节和 4.5 小节的研究和撰写工作。

本书的创新点体现在：在理论方面，① 分析和总结了特大自然灾害决策问题的特殊性和决策群体的特点，提出了复杂大群体的概念和复杂大群体决策模型理论框架；② 提出了复杂大群体决策模型和方法体系，解决了特大自然灾害决策问题协同求解的关键技术难题；③ 在上述决策模型的支持下提出了复杂大群体决策支持平台，解决了面向特大自然灾害复杂大群体支持系统的开发难题。在实际应用方面，将上述决策模型应用于湖南省特大冰雪灾害应急管理能力评价和大型水电工程复杂生态环境风险评价中，将复杂大群体决策支持平台应用于长株潭城市群"资源节约型和环境友好型"产业评价支持系统的开发中，取得了良好的效果。其中大部分学术成果已经在国内外学术刊物上发表，技术成果申请了相应的发明专利和软件著作权。

　　本书是著者多年来研究群决策模型、方法和群决策支持平台及其应用的经验总结，希望本书的出版有助于进一步促进不同领域的复杂大群体决策理论与方法研究，有助于复杂大群体决策模型、方法和支持平台在实际应用中不断深化与发展。

　　本研究成果得益于国家自然科学基金项目"面向特大自然灾害的复杂随机多维属性大群体决策模型研究"（批准编号：70871121）和国家创新研究群体科学基金项目"复杂环境下不确定性决策的理论与应用研究"（批准编号：70921001）的资助；同时还得到了湖南省长沙市、株洲市、湘潭市、娄底市和郴州市等城市应急管理办公室和应急管理部门密切配合和支持；得到了中南大学商学院领导和同事、国防科技大学汪浩教授、湖南大学曾德明教授、中南大学陈晓红教授和李一智教授等专家及同仁的大力指导、帮助和支持；得到了"中南大学985工程哲学社会科学两型社会创新研究基地资助出版"，在此表示诚挚的感谢！由于著者学识水平和时间限制，书中缺点错误在所难免，希望读者批评指正。

徐选华

2011年10月于长沙中南大学

目　　录

第 1 章　导　　论

本书是在国家自然科学基金项目"面向特大自然灾害的复杂随机多维属性大群体决策模型研究（项目编号：70871121）"和国家创新研究群体科学基金项目（批准编号：70921001）支持下历经多年研究的成果，研究成果主要包括：面向特大自然灾害的复杂大群体决策模型理论框架，复杂大群体决策偏好结构分析模型，确定型偏好信息复杂大群体决策偏好集结模型，不确定型偏好信息复杂大群体决策偏好集结模型，复杂大群体决策偏好冲突协调模型，基于上述决策模型的复杂大群体决策支持平台，在重大冰雪灾害应急管理能力评价、大型水电工程复杂生态环境风险评价、长株潭城市群"两型"产业评价支持系统中的应用等。

1.1　特大自然灾害决策问题分析

近年来我国自然灾害尤其是特大自然灾害公共危机频繁发生并且呈明显上升趋势，如冰雪灾害、地震灾害、洪水灾害、泥石流地质灾害、高温旱灾和疾病等，灾害种类明显增多，发生频率明显增高，涉及范围明显扩大，灾害的复杂性和应对难度逐渐加大，给我国造成了严重的社会问题，给国家经济和人民生命财产造成重大损失。例如，2008 年的冰雪灾害直接经济损失就达 1000 多亿元，汶川地震灾害损失更大；2010 年重特大自然灾害造成 4.3 亿人次受灾，直接经济损失高达 5339.9 亿元。特大型自然灾害公共危机应急协调处理决策涉及的面非常广泛，迫切需要群体尤其是大群体甚至特大群体协同进行，迫切需要相应的支持手段和相应的信息系统及群决策支持系统的支持。

特大自然灾害公共危机应急决策问题大多为多属性决策问题，大致分为两大类：一是求解决策问题，即制定决策问题的最佳决策方案；二是多方案排序决策问题，即在众多决策方案中选择最优和次优的决策方案。这种决策问题与其他领域决策问题的不同之处在于：一是决策问题属性存在较大差异，按照灾害的自然性质进行分类，不同类型自然灾害的决策问题属性不尽相同，表现为多种形式，如决策属性为独立型和关联型、属性数量为固定型和变动型、属性值为确定型和不确定型等；二是参与这种问题的决策群体规模较大且关系复杂，并且决策群体成员的类型存在较大的差异。群体成员由于其背景和利益主体的不同以及信息对称性和认知差异，他们的偏好之间存在显性和隐性冲突，其决策偏好信息表现为确定型和不确定型，其中不确定型偏好信息按照其表现形式的不同又分为：效用值偏好信息、残缺值偏好信息、不确定语言值偏好信息、随机值偏好信息和关系偏好信息等。这样就给决策问题的解决和灾害应对决策带来了复杂性和困难。

目前特大自然灾害的研究大多侧重于灾害风险控制、灾害预测和管理机制的研究（万洪涛和陈述彭，2000；周健和柏奎盛，2006；Karimi and Hüllermeier，2007；Huang and Inoue，2007），本章从这些文献出发并且结合冰雪和洪水灾害实际案例，探索面向特大自然灾害公共危机应急决策问题属性表现形式和构成、决策群体的特殊性等，在此基础上提出复杂大群体决策模型理论框架。

1.2　复杂大群体决策的特点

特大自然灾害应急决策群体的特点发生了深刻的变化，根据南方冰雪和洪水灾区调研可以发现呈现以下特点：一是群体规模比较庞大，其成员分布广泛。例如，特大型自然灾害公共危机应急协调处理，涉及范围更广，需要各级政府行政管理人员、政府各个职能部门人员、各个行业相关人员、相关企事业单位人员、相关领域专家、救援军队、新闻媒体等参加并且快速调动他们协同行动。同时他们又是具有不同权重的相互协作、利益基本一致和某些利益冲突关系的大群体，决策问题的解决往往需要兼顾各方面，尽量科学并达成共识。因此这种群体的规模比较庞大，没有信息系统和群决策支持系统的支撑是难以实现的。二是决策问题属性呈现多维性、复杂性和随机性。具体表现在决策问题存在多个维度（或类型）的属性，这些属性的重要性存在差异，属性之间不仅可能存在复杂的关联关系，而且属性（值）有时呈现随机性。例如，自然灾害公共危机应急协调处理决策问题由于灾害程度、灾害发生的时间和危机某些方面的随机性，其涉及的属性（值）也呈现随机性，这就给决策带来复杂性。三是目前对群体偏好的一致性和偏好集结忽视了决策成员的不完全理性和对决策方案的学习改进及谈判协调能力，因此在现实中，决策质量并不一定是群决策的完全充分条件，决策结果能否被群体接受或在多大程度上能被群体接受往往更具有现实意义和更能快速推广和容易实施。这样群决策过程实际上就是群体取得一致性意见的协调过程。由此可见这种决策群体已变成具有复杂随机多维属性的大群体，我们称之为复杂大群体。

　　本书着重阐述面向特大自然灾害的基于上述决策问题解决的复杂大群体决策模型和相应的方法，并且以此为基础研究和开发复杂大群体决策支持平台并进行应用，为其他领域的复杂大群体决策模型和方法的研究打下一个基础。

1.3　群决策理论与方法发展

　　群决策模型、技术和方法有许多研究领域，如偏好分析、效用理论、社会选择理论、委员会决策理论、选举理论、对策论、专家评价理论等。群决策比个体决策要复杂得多，造成复杂性的因素主要有：①优先度；②主观概率判断；③沟通；④人数。沟通的作用：①能集思广益，各个成员将各有特色的知识和经验汇入群决策过程中；②是实施民主的必要环节；③有利于决策的实施。无沟通情况下的群体决策称为社会选择。在 1951 年发表的《社会选择和个人价值》一文中，阿罗等证明了社会选择并不能在完全符合理性的条件下将个人优先序集结为群体一致认可的优先序，少数服从多数并不能提供一种令人满意的社会选择顺序，该论文构成了现代群体决策理论的基础。多属性群决策希望解决的问题是集结群体成员的偏好以形成群体的偏好，然后根据群体的偏好对决策方案进行排序或从中选择群体所最偏爱的方案。对多属性群决策问题的研究中，研究内容主要集中在对个体意见的一致性判别、集结个体意见为群体意见、决策者权重的确定、属性权重的确定及纯语言形式的多属性群决策等方面，基本上都使用了模糊数学等方法。主要研究工作体现在以下几个方面。

1. 多属性群决策中决策者权重确定方法

在多属性群决策过程中，一般先由各决策者（或称群体成员）做出自己的求解（或判断），然后再将这些决策结果按某种方法集结为群体偏好（或意见）。无论使用何种集结方法，都会涉及决策者的权重。群体成员权重的确定是一件困难的工作，如公共政策决策，专家的判断是通过问卷调查方式获得的。

对于主观权重，根据决策者的能力水平、知名度、职位高低、对决策问题的熟悉程度等确定决策者权重的方法（陈世权等，2000）。对于客观权重，王应明和张军奎（2003）提出了一种确定多指标决策权系数的新方法——标准差和平均差极大化方法；梁樑等（2005）将专家客观权重分为个体可信度权值和群体可信度权值，通过提取专家判断矩阵信息，确定专家在具体判断中自身的相对个体可信度权值，确定各专家的相对群组可信度权值得出专家判断信息合成时的各专家客观权重。

关于组合赋权法，徐泽水和达庆利（2002）提出了多属性决策组合赋权的一种线性目标规划方法；陈雷和王延章（2003）提出了将主观判断与客观情况相结合、定性定量相结合的熵权法来确定指标的权重系数，进而将TOPSIS法与熵权系数综合集成进行合理方案的评价；王应明（2002）提出了四种基于相关性的组合预测方法，即关联度极大化组合预测方法、相关系数极大化组合预测方法、夹角余弦极大化组合预测方法、Theil 不等系数极小化组合预测方法。

关于主客观权重的平衡，宋海洲和王志江（2003）指出了一个常用的计算综合权重公式存在的两个问题，在此基础上提出了相应的计算公式，使客观权重和主观权重得到更好的权衡。

另外，还有刘开第等（2005）以不确定性信息的数学处理理论为基础，建立了一类专家意见的不确定性量化表达式，定义了表达式间的运算与运算律，给出此类专家意见合成的不确定性决策模型。宋光兴和邹平（2001）将决策者的权重分为主观权重和客观权重两部分，并给出确定多属性群决策中决策者客观权重的几种方法；Van Den Honert（2001）提出了基于 AHP 的成员属性的分配和确定方法。

2. 多属性群决策中属性权重确定方法

在多属性决策问题的求解过程中，属性的权重具有举足轻重的作用，它被用来反映属性的相对重要性，属性越重要，则赋给它的权重应越大，反之则越小。因此很多已提出的多属性决策方法（如简单加性加权法、TOPSIS 法、多属性效用理论等）都涉及属性权重，属性权重的确定就成为多属性决策中的重要问题。目前关于属性权重的确定方法很多，根据计算权重时原始数据的来源不同，可以将这些方法分为三类：第一类是主观赋权法，它根据对各属性的主观重视程度由专家根据经验进行赋权。第二类是客观赋权法，它是各属性根据一定的规则进行自动赋权的方法，它不依赖于人的主观判断。上述两种赋权方法各有优缺点，因此人们又提出了第三类主客观综合赋权法（或称组合赋权法）。

对于客观赋权法，王应明和张军奎（2003）提出了一种确定型多指标决策权系数的新方法——标准差和平均差极大化方法；黄定轩等（2004）针对属性权重完全未知且属性值以连续值形式给出的无决策属性的多属性决策问题，提出了利用属性重要性来进行客观权重的分配方法；管红波和田大钢（2004）提出了一种新的基于属性重要性的规则提取算法，称为 IADT 算法，采用粗糙集理论中的属性重要性概念，通过建立树结构来提取规则。但以上客观赋权法未考虑所确定的属性权重是否为最优。

对于组合赋权法，陈华友（2004）基于离差最大化的基本原理，通过一个最优规划模型来确定组合权重，研究了模型的求解，给出权重的计算公式，探讨组合赋权方法的检验；郭春香和郭耀煌（2005）基于偏序结构、属性值是用模糊语言给出且每个属性没有决定权重的多属性群决策问题提出了一种综合权重方法。

另外，对信息不完备情况下多属性群决策问题进行研究，尤天慧和樊治平（2003）依据传统的熵权概念，给出一种确定区间数熵权的误差分析方法；

Liang（1999）提出基于理想和非理想点的新模糊多属性群决策方法，使用决策权重矩阵来确定多属性的不同权重，Chang 和 Chen（1994）将语言变量和模糊数结合来讨论多属性权重，以达到决策最优。

3. 群体一致性研究

群体一致性研究是群决策研究中的热点，有许多学者提出了解决群体一致性的方法，它们是：① 一致性指标的方法。如元继学和吴祈宗（2004）提出了群决策的三种三维层次模型，用欧几里得距离表示个人决策中方案的评价值，然后设置一致性指标值 A，作为群体数据一致性的判断依据，提出了满足一致性基础上的一种群决策方法。② 基于粗糙集理论的方法。安利平等（2005）通过对多属性群决策问题的描述，提出将不同决策者的不一致决策对象进行合并分析，得到更加直观明确的规则，对规则集进行构成分析，从而解释决策者之间的冲突所在。③ 基于交互的方法。徐泽水（2005）首先将每个残缺互补判断矩阵拓展，集成群体互补判断矩阵，然后基于群体互补判断矩阵与个体拓展互补判断矩阵之间的偏离阈值同决策者进行交互，最后给出一种基于残缺互补判断矩阵的交互式群决策方法。④ 基于聚类的方法。江文奇和华中生（2005）给出了相对加权一致度的一种计算方法，当群决策的结果不一致时，提出了依据相对加权一致度对决策者进行聚类的方法，并给出了每一类决策者决策结果的综合方法。Hsu 和 Chen（1996）使用基于一致性的度量方法来定义专家之间的重要性和一致性指标。

4. 属性以语言形式给出的群决策问题研究

对这类问题的解决有两种方法，第一种是设计新的语言算子，第二种是将语言形式转化成别的方式再进行运算。对第一种方法研究的成果包括：Xu 和 Da（2004）通过设计不确定语言算子和区间语言算子来解决问题；徐泽水（2004）研究了属性权重、属性值以及专家权重均以语言形式给出的纯语言多属性群决策问题，定义了语言评估标度的运算法则，给出了一些基于语言评估标度及其运算法则的新算子，提出了一种纯语言多属性群决策方法；王洪利和冯玉强（2005）研究了基于云模型的决策专家个体偏好表示、偏好集结和方案优选方法，率先采用云模型表示决策者给出的自然语言评价信息，而属性和决策者权重大小则用云的语气运算表示，然后用浮动云进行偏好集结，根据云模型的相对距离进行方案的排序和优选。

对第二种方法的研究包括：元继学等（2003）介绍了定性语言描述转化成定量模糊序关系的方法，采用 Bonissone 的 L-R 梯形模糊数近似算法，提出了基数型和序数型决策问题的群决策程序；陈岩和樊治平（2005）针对基于语言判断矩阵的群决策逆判问题，通过对语言判断矩阵进行"量化"，将其转化成为互反判断矩阵，进而提出了一种依据数理统计理论的分析方法；Delgado 等（1998）设计了新的语言算子来解决偏好信息为数字和语言两种形式的群决策问题。

5. 多属性群决策集结方法研究

对多属性群决策集结方法研究主要集中在以下几方面：① 理想点法。彭怡等（2003）采用理想点法，对每个单一属性将个体判断集结成群体判断，构造出了群体多属性决策矩阵，将复杂的多属性群决策问题转化成一般的多属性决策问题，并采用理想点法进行求解。夏勇其和吴祈宗（2004）研究了精确数、区间数和模糊数指标相结合的混合多属性决策问题，提出了一种基于理想点的多属性决策模型，给出具体的决策方法和过程。② 聚类方法。于春海和樊治平（2004）针对多个专家给出语言相似矩阵的聚类分析问题，提出一种新的编网聚类分析方法。江文奇和华中生（2005）给出了相对加权一致度的一种计算方法，当群决策的结果不一致时，提出了依据相对加权一致度对决策者进行聚类的方法，并给出了每一类决策者决策结果的综合方法，该方法采用基于传递闭包的模糊聚类方法进行聚类，该聚类方法本身就限制了大群体成员的聚集计算。徐章艳和尹云飞（2005）将数据库中的数据按照属性进行聚类，将它们划分为若干区间，对于同一区间中的数据赋予相同的编号，以此处理直至数据库的最后一个属性。在完成这种转换后即可使用关联规则的挖掘方法。③ 基于群体效用集结的方法。江文奇和华中生（2005）针对委托求解群决策问题中各个成员效用的设定问题，借鉴于策略理性的思想，给出了一种成员效用的设定方法。

在国外，Claussen 等（2000）利用哈希算法提出了一种新的群集结方法；Kim 等（1999）提出利用区域式的交互优化方法来进行群体集结，并设计了理论模型；Inohara（2003）讨论了投票系统中通过成员交互和代理机制来解决成员聚类和信息交换的方法；Herrera 等（1996）从三个层面上定义了语言一致性程度，提出基于语言评估的一致性集结模型。

归纳起来，目前关于群决策技术与方法的研究有以下特点：基于规模较小群体的各种决策方法方面文献较多，但这些文献侧重关注某个侧面的技术实现方法和已有方法在某些方面的改进；对具有复杂随机多维属性的大群体决策技术、模型和方法的研究相对较少，并且没有形成一个系统地解决复杂大群体决策的模型与技术体系；比较缺乏对复杂随机多维属性大群体决策模型的案例和应用研究。

1.4　群体决策支持系统发展

决策支持系统经历了多个发展阶段，比较传统的决策支持系统多数侧重于体系结构和功能结构，以及各库（如数据库、模型库、方法库和知识库等）的构造。随着网络和 Internet 技术的发展，决策支持方式发生了变化，其体系结构和功能结构相应有新的要求，其显著标志是基于 Web 的群体决策支持系统得到迅速发展。Bhargava 和 Power（2002）定义基于 Web 的 DSS 是一个采用 Web 技术构建的，决策人员使用 Web 浏览器通过 Internet 就可以访问使用 DSS，由公司开发的基于 Web 的 DSS 应用通过配置在 Intranet 环境支持公司内部商业过程，也可以将这些应用集成到公共社团 Web 网站来加强对商业伙伴的服务，这些应用支持一定商业过程的大多数结构化任务。Bharati 和 Dong 认为，2005 年前后基于 Web 的 DSS 仍然主要是个人 DSS（Bharati and Chaudhury，2004；Dong et al.，2004），此后的基于 Web 的 DSS 能够给更少结构化的复杂问题求解提供一个一般化的方法。

第一代 GDSS 产品，如 Group Systems，是基于客户机/服务器模式的，仅仅支持局域网环境下群决策。Web 是一个在分布式团队之间支持协作、决策和通信沟通的自然媒介，然而由于构建用户友好的基于 Web 的应用存在困难，因此基于 Web 的 GDSS 产品很少可以使用。TCB Works 是一个基于 Web 的 GDSS，它最初由 Dennis 等（1996）于 20 世纪 90 年代中期在 George 大学开发的，TCB Works 允许团队成员相互联动、讨论事件并作出决策，它是基于 CGI 和一个 Mini SQL 数据库用 C 语言开发的，也是利用第一代 Web 技术构建的基于 Web 的 GDSS，它将结构化讨论和多指标决策合并成一个工具来支持群决策过程。经过多年努力后，一个新的基于 Web 的 GDSS 产品 Cognito 由 Briggs（2003）提出并开发出来，于 2003 年第四季度发布。Cognito 平台由三个部分组成：①Cognito 任务服务器；②Cognito 入口（即用户接口）；③Cognito 终端用户客户端，与此不同的是很多基于 Web 的 DSS/GDSS 系统在客户端仅使用 Web 浏览器，这是由于系统的执行可能会引起与软件升级有关的配置管理的复杂性。有几个包含决策工具的基于 Web 的商业化 GDSS 产品：如 Facilitate. com，拥有自己的服务器，利用头脑风暴、分类、投票、行动规划、调查和在线聊天室等为群决策过程提供支持。WebIQ 是一个类似的基于 Web 的系统，允许用户选择发电子邮件给组织者的方式参加决策，它还没有一个支持多指标决策的工具，但有一个从一个活动到另一个活动的思想转换的简单工具，客户端为浏览器。

Internet 环境下决策支持系统面临支持分布式团队的挑战，因为这种团队难以安排面对面或者在同一时间的会议，协作工具需要支持同步和异步模式，因此应该使用 Web 技术而不是客户机/服务器技术来建立这些工具。由于分布式团队群决策支持的需要同时又缺乏可购的基于 Web 的 GDSS 系统，根据 C. W. Wang、R. Y Horng 等的经验和在 GDSS 中的研究成果（Wang and Horng，2002），Chen 等（2007）研究和开发了基于 Web 的 GDSS 系统 Team Spirit 来支持在地理上分散团队的协作和决策，Team Spirit 可以用来支持分布式团队的简单问题求解的基于 Web 的 GDSS 系统。Mendon 和 Beroggi（2006）倡导支持应急响应的群决策支持系统。

综上所述，目前国外专家和学者对决策支持系统的研究主要集中在基于 Web 的决策支持系统，代表人物是 Bhargava 和 Power。他们认为基于 Web 的 DSS 是一个采用 Web 技术构建的、决策人员使用 Web 浏览器通过 Internet 就可以访问使用 DSS。

于基于 Web 的分布式团队协作决策支持系统，代表人物是 Minder Chen。他认为团队难以安排面对面或者在同一时间的会议，协作工具需要支持同步和异步模式，因此应该使用 Web 技术来建立这些工具。研究难点为支持更少结构化复杂问题求解的基于 Web 的大规模分布式团队协作决策支持系统，这也是今后需要研究的主要方向。"Decision Support Systems" 主编、美国 University of Texas 大学的 Andrew Whinston 教授积极倡导该主流方向的研究。

主要学术流派有：以美国 University of Arizona 的 Jay Nunamaker 教授为代表的支持协作和决策支持的 Group Systems，提高组织生产力。以澳大利亚 Monash University 的 Frada Burstein 教授为代表的多指标决策问题求解的人机处理的决策支持系统，提高问题求解效率。以美国 New Jersey Institute of Technology 的 David Mendon 为代表的应急响应群决策支持系统，提高应急事件处理能力。

针对上述情况和问题，本书针对我国特大型自然灾害公共危机应急协调处理决策实际，进行了面向我国特大型自然灾害的基于复杂随机多维属性的大群体决策模型研究，提供多功能、灵活、方便实用的复杂大群体决策支持模型和工具，在此基础上提出复杂大群体决策支持平台，对于提高自然灾害公共危机应急处理群决策的实用性、灵活性和效率，进一步促进我国政府和相关领域决策的科学化，具有重要理论意义和实用价值，同时也为其他领域复杂大群体决策模型与支持平台的研究提供一个借鉴。

1.5 复杂大群体决策模型理论框架

结合我国特大自然灾害和公共危机频繁发生实际，通过上述系统地分析我国特大自然灾害决策问题的特点，在此基础上提出复杂大群体决策的概念。以复杂大群体决策偏好结构分析模型为基础，根据决策偏好信息的不同形式，提出确定型偏好信息复杂大群体决策偏好集结模型（包括复杂大群体决策成员偏好相聚模型，基于该相聚模型的成员偏好高效智能聚类算法，复杂大群体一致性分析模型、属性信息熵集结模型、偏好集结模型、决策方案排序模型等）

和不确定型偏好信息复杂大群体决策偏好集结模型（包括基于效用值偏好信息的复杂大群体决策偏好集结模型、基于残缺值偏好信息的复杂大群体决策偏好集结模型、基于随机值偏好信息的复杂大群体决策偏好集结模型、基于不确定语言值偏好信息的复杂大群体决策偏好集结模型、基于关系偏好信息的复杂大群体决策偏好集结模型等），通过复杂大群体决策偏好冲突协调模型获得最佳群体偏好集结结果。以上述决策模型为基础提出复杂大群体决策支持平台，设计平台体系结构、平台系统处理流程与控制机制、平台功能结构和平台开发等。

　　将上述决策模型在"重大冰雪灾害应急管理能力评价"和"大型水电工程复杂生态环境风险评价"等案例中进行应用，将平台在"长株潭城市群资源节约型和环境友好型产业评价决策支持系统"开发中应用。综合上述研究内容，形成复杂大群体决策模型理论框架，如图1-1所示。

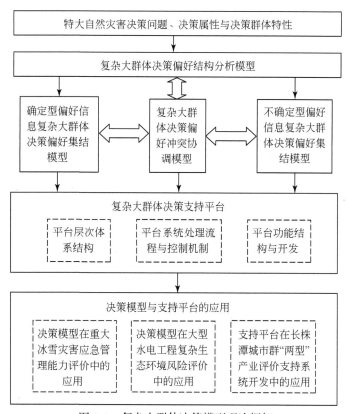

图 1-1　复杂大群体决策模型理论框架

1.6 本 章 小 结

本章结合实际案例系统地分析了特大自然灾害决策问题的特殊性，比较系统地分析和总结了模型特大自然灾害的应急决策群体的特点，提出了复杂大群体概念及其内涵，对群决策理论、方法与群决策支持系统的发展进行了系统地综述和分析，在此基础上，提出了面向特大自然灾害的复杂大群体决策模型理论框架，明确了后续内容之间的逻辑关系。

第 2 章　复杂大群体决策偏好结构分析模型

特大自然灾害应急决策问题大多表现为多属性决策问题（包括求解决策问题和多方案排序决策问题两大类），复杂决策大群体成员的决策偏好受多种因素的影响，如信念、决策风格以及个性特征等因素，有时甚至产生群体思维问题（毕鹏程和席酉民，2002；李武等，2002；王丹力和戴汝为，2002；唐方成和席酉民，2001）。要有效地解决特大自然灾害应急决策问题，需要对其复杂决策大群体的决策偏好结构进行探索和分析，群体成员对决策问题（关于多个属性）的决策（值）形成一个矢量，称之为偏好矢量，建立两个决策成员偏好矢量之间的相聚度，以该相聚度为基础形成一个智能聚类算法，执行这个算法在群体中形成一系列数量相对较少的（决策成员）偏好矢量聚集，在形成的偏好聚集结构的基础上，建立各个聚集的偏好一致性分析模型和整个群体的一致性分析模型，为复杂大群体决策偏好的集结提供基础。

2.1　复杂大群体决策偏好相聚模型

设特大自然灾害应急决策问题具有 N 个决策属性，决策群体记为 Ω，其中由 M 个决策成员构成。以下分群体成员决策偏好相互独立且属性数确定、决策偏好相互存在关联且属性数不确定、决策偏好中属性之间相互存在关系且属性数确定三种情况进行分析和建模。

2.1.1　决策偏好相互独立且属性个数确定的群体成员偏好相聚模型

在群体成员决策偏好相互独立且属性数确定的情况下，成员对决策问题的决策偏好矢量的分量数相等，即各个群体成员对决策问题的所有属性进行决策，因此决策成员偏好矢量的维度相同。下面分"求解决策问题"和"多方案排序决策问题"两种情况进行阐述。

1. 求解决策问题

对于求解决策问题，决策群体需要对求解决策问题进行协同求解，最终获得最佳决策方案。

定义 2.1 设 E^n 是 n 维欧氏矢量空间，对于决策问题的 N 个属性，群体 Ω 中的第 i 个成员针对决策问题关于这 N 个属性的决策值为 v_j^i，并且 $v_j^i \geq 0$，$j = 1, 2, \cdots, N$，则称决策值矢量 $V^i = (v_1^i, v_2^i, \cdots, v_N^i)$ 为群体 Ω 第 i 个成员的偏好矢量，$i = 1, 2, \cdots, M$。

所有决策成员的偏好是不同的，并且在结构上相互独立，相互不影响，每一个成员都有一个偏好矢量与之对应。群体成员的思维模式可分为下列三种情况：

（1）他们全部以相似的方式（即有一种共识）思考；

（2）成员的意见变化，但是他们全都属于某一个同类的群体；

（3）在群体之内有聚集（或称为同类子群体）。

设 n_i 是属于第 i 个聚集的成员个数，并且群体 Ω 中有 K 个不同的聚集，那么 $\sum_{i=1}^{K} n_i = M$，其中 K 的取值范围为 $1 \leq K \leq M$。每一个聚集实际上就像一个集合，其成员都是决策参与者，采用相聚这个度量来分析这个群体中的成员。引入一个阈值 γ，并且 $0 \leq \gamma \leq 1$，用来区别一个偏好矢量与另一个偏好矢量之间的相聚程度，即表示两个成员间的偏好接近程度。

定义 2.2 两个偏好矢量 V^{i_1} 和 V^{i_2} 之间的相聚度 $r_{i_1 i_2}(V^{i_1}, V^{i_2})$ 定义如下：

$$r_{i_1 i_2}(V^{i_1}, V^{i_2}) = \frac{(|V^{i_1} - \bar{V}^{i_1}|) \cdot (|V^{i_2} - \bar{V}^{i_2}|)^{\mathrm{T}}}{\|V^{i_1} - \bar{V}^{i_1}\|_p \cdot \|V^{i_2} - \bar{V}^{i_2}\|_q} \tag{2-1}$$

式中，$1 < p < +\infty$，$1 < q < +\infty$，且 $1/p + 1/q = 1$；$\|\ \|_p$ 为矢量的 p 范数；$\|\ \|_q$ 为矢量的 q 范数；$\bar{V}^{i_1} = \frac{1}{N} \sum_{j=1}^{N} v_j^{i_1}$，$\bar{V}^{i_2} = \frac{1}{N} \sum_{j=1}^{N} v_j^{i_2}$。

定理 2.1　在定义 2.1 的条件下，对于群体 Ω 的两个偏好矢量 V^{i_1} 和 V^{i_2} 之间的相聚度 $r_{i_1 i_2}(V^{i_1}, V^{i_2})$，有不等式：$0 \leqslant r_{i_1 i_2}(V^{i_1}, V^{i_2}) \leqslant 1$。　　　　(2-2)

证明　对任意实数 $a \geqslant 0$ 和 $b \geqslant 0$，都有 $ab \leqslant a^p/p + b^q/q$（徐仲，2002），其中 p 和 q 与定义 2.2 中的假设相同。记 $\xi_j^{i_1} = v_j^{i_1} - \bar{v}_j^{i_1}$，$\eta_j^{i_2} = v_j^{i_2} - \bar{v}_j^{i_2}$，当 $\xi_j^{i_1} = \eta_j^{i_2} = 0 (j = 1, 2, \cdots, N)$ 时，结论显然成立，下设 $\xi_j^{i_1}$ 和 $\eta_j^{i_2}$ 不全部为 0，于是得

$$\frac{\sum_{j=1}^{N} |\xi_j^{i_1}| \cdot |\eta_j^{i_2}|}{\left(\sum_{j=1}^{N} |\xi_j^{i_1}|^p\right)^{\frac{1}{p}} \cdot \left(\sum_{j=1}^{N} |\eta_j^{i_2}|^q\right)^{\frac{1}{q}}} = \sum_{j=1}^{N} \left[\frac{|\xi_j^{i_1}|}{\left(\sum_{j=1}^{N} |\xi_j^{i_1}|^p\right)^{\frac{1}{p}}}\right] \cdot \left[\frac{|\eta_j^{i_2}|}{\left(\sum_{j=1}^{N} |\eta_j^{i_2}|^q\right)^{\frac{1}{q}}}\right]$$

$$\leqslant \sum_{j=1}^{N} \left[\frac{|\xi_j^{i_1}|^p}{p \cdot \left(\sum_{j=1}^{N} |\xi_l^{i}|^p\right)}\right] + \left[\frac{|\eta_j^{i_2}|^q}{q \cdot \left(\sum_{j=1}^{N} |\eta_j^{i_2}|^q\right)}\right]$$

$$= \frac{1}{p} + \frac{1}{q} = 1$$

将 $\xi_j^{i_1}$ 和 $\eta_j^{i_2}$ 代入式 (2-1) 中可得结论。证毕。

特例，当 $p = q = 2$ 时，$r_{i_1 i_2}(V^{i_1}, V^{i_2})$ 具有对称性。

对于偏好矢量 V^{i_1} 和 V^{i_2} 的相聚性，引入如下条件：

$$r_{i_1 i_2}(V^{i_1}, V^{i_2}) \geqslant \gamma \tag{2-3}$$

也就是说，任何两个偏好矢量之间的相聚度 $r_{i_1 i_2}(V^{i_1}, V^{i_2})$ 大于或等于阈值 γ。我们也把阈值 γ 称为群体中决策成员的资格参数，用来确定一个决策成员是否可以被包含在一个聚集中。本书中，提出一个基于 $r_{i_1 i_2}(V^{i_1}, V^{i_2})$ 的算法将决策群体聚类成一系列数量相对较少的聚集，形成该群体的聚集结构，设 n_k 是第 k 个聚集 C^k 的成员数，并且在群体中形成 K 个聚集，那么 $\sum_{k=1}^{K} n_k = M$，其中 K 的取值范围为 $1 \leqslant K \leqslant M$。通过建立和计算每一个聚集的一致性分析模型和整个群体的一致性分析模型来分析群体的偏好结构。进而把各个聚集的偏好综合成整个群体的一种全局偏好。

2. 多方案排序决策问题

对于多方案排序决策问题，决策群体需要对多个决策方案进行排序。

定义 2.3 设决策问题存在 P 个决策方案，每个成员就 N 个决策属性对这 P 个方案进行决策，设决策值为 v_j^{li}（其中 $i=1,2,\cdots,M$；$j=1,2,\cdots,N$；$l=1,2,\cdots,P$），并且 $v_j^{li} \geq 0$，此时决策值矢量 $V^{li}=(v_1^{li},v_2^{li},\cdots,v_N^{li})$ 为群体 Ω 中第 i 个成员对第 l 个决策方案的决策偏好矢量。

所有决策成员的偏好在结构上相互独立，并且在群体 Ω 内有若干个聚集（同类子群体），每个决策方案的每一个成员都有一个决策偏好矢量与之对应。

定义 2.4 对于第 l 个决策方案，将两个偏好矢量 V^{li_1} 和 V^{li_2} 之间的相聚度 $r_{i_1i_2}^l(V^{li_1},V^{li_2})$ 定义如下：

$$r_{i_1i_2}^l(V^{li_1},V^{li_2})=\frac{(|V^{li_1}-\overline{V}^{li_1}|)\cdot(|V^{li_2}-\overline{V}^{li_2}|)^{\mathrm{T}}}{\|V^{li_1}-\overline{V}^{li_1}\|_p\cdot\|V^{li_2}-\overline{V}^{li_2}\|_q} \tag{2-4}$$

式中，$1<p<+\infty$，$1<q<+\infty$，且 $1/p+1/q=1$，$\|\ \|_p$ 为矢量的 p 范数；$\|\ \|_q$ 为矢量的 q 范数；$\overline{V}^{li_1}=\frac{1}{N}\sum_{j=1}^N v_j^{li_1}$，$\overline{V}^{li_2}=\frac{1}{N}\sum_{j=1}^N v_j^{li_2}$，则同样有 $0\leq r_{i_1i_2}^l(V^{li_1},V^{li_2})\leq 1$。

引入阈值 γ，并且 $0\leq\gamma\leq1$，设立如下条件：

$$r_{i_1i_2}^l(V^{li_1},V^{li_2})\geq\gamma \tag{2-5}$$

对于第 l 个决策方案，执行群体成员聚类算法，将群体 Ω 中的所有决策成员聚类成若干个不同的偏好聚集，形成该群体 Ω 的聚集结构。设 n_k^l 是属于第 l 个方案中的第 k 个聚集的成员数，并且在群体 Ω 中形成 K 个聚集，那么 $\sum_{k=1}^K n_k^l = M$，其中 K 的取值范围为 $1\leq K\leq M$，第 k 个聚集记为 C^{lk}。

2.1.2 决策偏好相互存在关联且属性数不确定的群体成员偏好相聚模型

在群体成员决策偏好之间存在关联且属性数不确定的情况下，成员对决策问题的决策偏好矢量的分量数不相等，即各个群体成员由于各种条件的限制，并不一定对决策问题的所有属性进行决策，而可能是对部分属性进行决策，因此两个决策成员偏好矢量的维度不一定相同。下面分"求解决策问题"和

"多方案排序决策问题" 两种情况进行阐述。

1. 求解决策问题

对于求解决策问题, 决策群体需要对该问题进行协同求解, 最终获得决策问题的最佳决策方案。

定义 2.5　设 E^n 是 n 维欧氏矢量空间, 对于决策问题的 N 个属性, 群体 Ω 中的第 i 个成员针对决策问题关于其中 n 个属性的决策值为 v_j^i, 并且 $v_j^i \geq 0$, $j = 1, 2, \cdots, N$, 这里 $n \leq N$, 则称决策值矢量 $V^i = (v_1^i, v_2^i, \cdots, v_n^i)$ 为群体 Ω 第 i 个成员的决策偏好矢量, $i = 1, 2, \cdots, M$。

复杂大群体决策成员的偏好矢量之间存在着一定的关联或耦合关系, 彼此相互作用和影响, 某个成员偏好矢量的维度值可能会影响其他成员偏好矢量的维度值, 这也正是复杂大群体的偏好难以测度的重要原因。

定义 2.6　第 i_1 个成员偏好矢量中第 j_1 个属性维度与第 i_2 个成员偏好矢量中第 j_2 个属性维度之间的关联度为 $b_{j_1 j_2}^{i_1 i_2} = \dfrac{\min(v_{j_1}^{i_1}, v_{j_2}^{i_2})}{\max(v_{j_1}^{i_1}, v_{j_2}^{i_2})}$（李际平和陈端吕, 2008）, $0 \leq b_{j_1 j_2}^{i_1 i_2} \leq 1$, 成员偏好矢量属性维度值差距越大, 属性维度之间的影响度值越小。关联度与对应的描述如表 2-1 所示。

表 2-1　成员偏好矢量属性维度关联度及其相应描述

度值	影响度	影响描述
0	无关联	两个属性维度值间的改变完全不会引起对方属性值的改变
0.2	微弱关联	两个属性维度值之间的相互关联是微弱的, 是一种不易察觉的改变
0.4	轻度关联	一个属性维度值的改变能够较明显地影响另一属性维度值的改变
0.6	中度关联	一个属性维度值的改变能较大程度地影响另一属性维度值的改变
0.8	重度关联	一个属性维度值的改变能极大程度地影响另一属性维度值的改变
1.0	完全关联	两个属性维度值的改变完全同步, 或者两个属性维度完全相同

第 i_1 个偏好矢量与第 i_2 个偏好矢量之间的属性维度关联关系矩阵 $B_{n_1 \times n_2}^{i_1 i_2}$ 由属性维度关联度 $b_{j_1 j_2}^{i_1 i_2}$ 构成, 即有下式:

$$B_{n_1 \times n_2}^{i_1 i_2} = \begin{bmatrix} b_{11}^{i_1 i_2} & b_{12}^{i_1 i_2} & \cdots & b_{1n_2}^{i_1 i_2} \\ b_{21}^{i_1 i_2} & b_{22}^{i_1 i_2} & \cdots & b_{2n_2}^{i_1 i_2} \\ \vdots & \vdots & & \vdots \\ b_{n_1 1}^{i_1 i_2} & b_{n_1 2}^{i_1 i_2} & \cdots & b_{n_1 n_2}^{i_1 i_2} \end{bmatrix} \tag{2-6}$$

式中，n_1 和 n_2 分别为第 i_1 个和第 i_2 个偏好矢量中的属性维度个数。

定义 2.7 两个成员偏好矢量 V^{i_1} 和 V^{i_2} 之间的相聚度定义为

$$r_{i_1 i_2}(V^{i_1}, V^{i_2}) = \frac{(|V^{i_1} - \bar{V}^{i_1}|) \cdot B_{n_1 \times n_2}^{i_1 i_2} \cdot (|V^{i_2} - \bar{V}^{i_2}|)^{\mathrm{T}}}{\|V^{i_1} - \bar{V}^{i_1}\|_2 \cdot \|B_{n_1 \times n_2}^{i_1 i_2}\|_2 \cdot \|V^{i_2} - \bar{V}^{i_2}\|_2} \tag{2-7}$$

定理 2.2 在定义 2.7 的基础上，对于成员偏好矢量群体中的两个偏好矢量 V^{i_1} 和 V^{i_2} 之间的相聚度 $r_{i_1 i_2}(V^{i_1}, V^{i_2})$，有不等式：$0 \leqslant r_{i_1 i_2}(V^{i_1}, V^{i_2}) \leqslant 1$。

证明 对任意实数 $a \geqslant 0$，$b \geqslant 0$，都有 $a \cdot b \leqslant \dfrac{a^2}{2} + \dfrac{b^2}{2}$。记 $\xi_{j_1}^{i_1} = v_{j_1}^{i_1} - \bar{v}_{j_1}^{i_1}$，$\eta_{j_2}^{i_2} = v_{j_2}^{i_2} - \bar{v}_{j_2}^{i_2}$，$j_1 = 1, 2, \cdots, n_1$；$j_2 = 1, 2, \cdots, n_2$。当 $\xi_{j_1}^{i_1} = b_{j_1 j_2}^{i_1 i_2} = \eta_{j_2}^{i_2} = 0$ 时，结论显然成立，下设 $\xi_{j_1}^{i_1}$、$b_{j_1 j_2}^{i_1 i_2}$ 和 $\eta_{j_2}^{i_2}$ 不全部为 0，于是得

$$\frac{\displaystyle\sum_{j_2=1}^{n_2}\sum_{j_1=1}^{n_1} |\xi_{j_1}^{i_1}| \cdot |b_{j_1 j_2}^{i_1 i_2}| \cdot |\eta_{j_2}^{i_2}|}{\sqrt{\displaystyle\sum_{j_1=1}^{n_1}|\xi_{j_1}^{i_1}|^2} \cdot \sqrt{\displaystyle\sum_{j_2=1}^{n_2}\sum_{j_1=1}^{n_1}|b_{j_1 j_2}^{i_1 i_2}|^2} \cdot \sqrt{\displaystyle\sum_{j_2=1}^{n_2}|\eta_{j_2}^{i_2}|^2}}$$

$$= \sum_{j_2=1}^{n_2}\sum_{j_1=1}^{n_1} \left[\frac{|\xi_{j_1}^{i_1}| \cdot |\eta_{j_2}^{i_2}|}{\sqrt{\displaystyle\sum_{j_1=1}^{n_1}|\xi_{j_1}^{i_1}|^2} \cdot \sqrt{\displaystyle\sum_{j_2=1}^{n_2}|\eta_{j_2}^{i_2}|^2}} \right] \cdot \left[\frac{|b_{j_1 j_2}^{i_1 i_2}|}{\sqrt{\displaystyle\sum_{j_2=1}^{n_2}\sum_{j_1=1}^{n_1}|b_{j_1 j_2}^{i_1 i_2}|^2}} \right]$$

$$\leqslant \sum_{j_2=1}^{n_2}\sum_{j_1=1}^{n_1} \left[\frac{1}{2} \cdot \frac{|\xi_{j_1}^{i_1}|^2 \cdot |\eta_{j_2}^{i_2}|^2}{\displaystyle\sum_{j_1=1}^{n_1}|\xi_{j_1}^{i_1}|^2 \cdot \displaystyle\sum_{j_2=1}^{n_2}|\eta_{j_2}^{i_2}|^2} \right] + \sum_{j_2=1}^{n_2}\sum_{j_1=1}^{n_1} \left[\frac{|b_{j_1 j_2}^{i_1 i_2}|^2}{2 \cdot \displaystyle\sum_{j_2=1}^{n_2}\sum_{j_1=1}^{n_1}|b_{j_1 j_2}^{i_1 i_2}|^2} \right]$$

$$= \frac{1}{2} \cdot \sum_{j_2=1}^{n_2}\sum_{j_1=1}^{n_1} \left[\frac{|\xi_{j_1}^{i_1}|^2}{\displaystyle\sum_{j_1=1}^{n_1}|\xi_{j_1}^{i_1}|^2} \right] \cdot \left[\frac{|\eta_{j_2}^{i_2}|^2}{\displaystyle\sum_{j_2=1}^{n_2}|\eta_{j_2}^{i_2}|^2} \right] + \frac{1}{2}$$

$$\leqslant \frac{1}{2} \cdot \sum_{j_2=1}^{n_2} \sum_{j_1=1}^{n_1} \left[\frac{|\xi_{j_1}^{i_1}|^4}{2 \cdot \sum_{j_1=1}^{n_1} |\xi_{j_1}^{i_1}|^4} + \frac{|\eta_{j_2}^{i_2}|^4}{2 \cdot \sum_{j_2=1}^{n_2} |\eta_{j_2}^{i_2}|^4} \right] + \frac{1}{2} = \frac{1}{2} + \frac{1}{2} = 1$$

将 $\xi_{j_1}^{i_1}$ 和 $\eta_{j_2}^{i_2}$ 代入式 (2-7) 中可得结论。

对于偏好矢量 V^{i_1} 和 V^{i_2} 的相聚性, 同样引入如下条件:

$$r_{i_1 i_2}(V^{i_1}, \ V^{i_2}) \geqslant \gamma \tag{2-8}$$

即任何两个偏好矢量 V^{i_1} 和 V^{i_2} 之间的相聚度 $r_{i_1 i_2}(V^{i_1}, \ V^{i_2})$ 大于或等于阈值 γ, 其中阈值 γ 称为群体中决策成员的资格参数, 用来确定一个决策成员是否可以进入一个聚集中。在本书中, 提出一个基于 $r_{i_1 i_2}(V^{i_1}, \ V^{i_2})$ 的聚类算法将一个群体偏好矢量集聚类成若干个聚集, 形成该群体 Ω 偏好的聚集结构, 设 n_k 是第 k 个聚集 C^k 的成员数, 并且在群体中形成 K 个聚集, 那么 $\sum_{k=1}^{K} n_k = M$, 其中 K 的取值范围为 $1 \leqslant K \leqslant M$。同样地建立和计算每个聚集的一致性分析指标, 并整合成整个群体的一致性分析指标来分析群体偏好的结构, 进而把各个聚集的偏好综合成整个复杂大群体的一种全局偏好。

2. 多方案排序决策问题

对于多方案排序决策问题, 决策群体需要对多个决策方案进行排序, 最终获得最优决策方案。

定义 2.8　设决策问题存在 N 个属性和 P 个决策方案, 对于第 l 个决策方案, 群体 Ω 中的第 i 个成员针对其中 n 个属性的决策值为 v_j^{li}, 并且 $v_j^{li} \geqslant 0$ $(i = 1, 2, \cdots, M; \ j = 1, 2, \cdots, n; \ l = 1, 2, \cdots, P)$, 这里 $n \leqslant N$, 则称决策值矢量 $V^{i} = (v_1^{li}, \ v_2^{li}, \ \cdots, \ v_n^{li})$ 为群体 Ω 第 i 个成员对第 l 个决策方案的决策偏好矢量。

群体成员的偏好矢量之间并不相互独立, 存在着一定的关联关系, 彼此存在作用和影响, 对于每一个成员都有一个偏好矢量与之对应。

定义 2.9　对于第 l 个决策方案, 第 i_1 个成员偏好矢量中第 j_1 个属性维度与第 i_2 个成员偏好矢量中第 j_2 个属性维度之间的关联度为 $b_{j_1 j_2}^{l, \ i_1 i_2} = \dfrac{\min(v_{j_1}^{li_1}, \ v_{j_2}^{li_2})}{\max(v_{j_1}^{li_1}, \ v_{j_2}^{li_2})}$, $0 \leqslant b_{j_1 j_2}^{l, \ i_1 i_2} \leqslant 1$, 同理可知成员偏好矢量属性维度值差距越大,

属性维度之间的关联度值越小。

对于第 l 个决策方案，第 i_1 个偏好矢量与第 i_2 个偏好矢量之间的属性维度关联关系矩阵 $B_{n_1 \times n_2}^{l, \, i_1 i_2}$ 由属性维度关联度 $b_{j_1 j_2}^{l, \, i_1 i_2}$ 构成，即有下式：

$$B_{n_1 \times n_2}^{l, \, i_1 i_2} = \begin{bmatrix} b_{11}^{l, \, i_1 i_2} & b_{12}^{l, \, i_1 i_2} & \cdots & b_{1n_2}^{l, \, i_1 i_2} \\ b_{21}^{l, \, i_1 i_2} & b_{22}^{l, \, i_1 i_2} & \cdots & b_{2n_2}^{l, \, i_1 i_2} \\ \vdots & \vdots & & \vdots \\ b_{n_1 1}^{l, \, i_1 i_2} & b_{n_1 2}^{l, \, i_1 i_2} & \cdots & b_{n_1 n_2}^{l, \, i_1 i_2} \end{bmatrix} \tag{2-9}$$

式中，n_1 和 n_2 分别为第 i_1 个和第 i_2 个偏好矢量中的属性维度个数。

定义 2.10 对于第 l 个决策方案，两个决策成员偏好矢量 V^{li_1} 和 V^{li_2} 之间的相聚度定义为

$$r_{i_1 i_2}^{l}(V^{li_1}, \ V^{li_2}) = \frac{(\, |\, V^{li_1} - \overline{V}^{li_1} \,|\,) \cdot B_{n_1 \times n_2}^{l, \, i_1 i_2} \cdot (\, |\, V^{li_2} - \overline{V}^{li_2} \,|\,)^{\mathrm{T}}}{\|V^{li_1} - \overline{V}^{li_1}\|_2 \cdot \|B_{n_1 \times n_2}^{l, \, i_1 i_2}\|_2 \cdot \|V^{li_2} - \overline{V}^{li_2}\|_2} \tag{2-10}$$

同定理 2.2 的证明，可得 $0 \leqslant r_{i_1 i_2}^{l}(V^{li_1}, \ V^{li_2}) \leqslant 1$。

引入阈值 γ，并且 $0 \leqslant \gamma \leqslant 1$，设立如下条件：

$$r_{i_1 i_2}^{l}(V^{li_1}, \ V^{li_2}) \geqslant \gamma \tag{2-11}$$

对于第 l 个决策方案，执行群体成员偏好矢量聚类算法，可将群体 Ω 中的所有成员偏好矢量聚类成 K 个不同的聚集，形成该群体 Ω 的聚集结构，同样设 n_k^l 是属于第 l 个方案中的第 k 个聚集 C^{lk} 的成员数，那么 $\sum\limits_{k=1}^{K} n_k^l = M$。

2.1.3 决策偏好中属性之间相互存在关系且属性数确定的群体成员偏好相聚模型

在群体成员决策偏好中属性之间相互存在关系且属性数确定的情况下，成员决策偏好矢量的分量数相等，偏好矢量中的决策属性之间存在关系，本书以二元关系为例。下面仍以"求解决策问题"和"多方案排序决策问题"两种情况进行阐述。

1. 求解决策问题

定义 2.11 属性关系矩阵。对于群体中第 i 个决策成员的偏好矢量 V^i，设 R 为 N 元偏好矢量 $V^i = (v_1^i, v_2^i, \cdots, v_N^i)$ 上的属性二元关系，对任意的 $1 \leqslant j_1, j_2 \leqslant N$，称 $A^i(R) = (a_{j_1j_2}^i)_{n \times n}$ 为成员 i 的基于关系 R 的属性关系矩阵，其中 $a_{j_1j_2}^i = 1$，当且仅当 $(v_{j_1}^i, v_{j_2}^i) \in R$，否则 $a_{j_1j_2}^i = 0$。显然该关系矩阵 $A^i(R)$ 是 0～1 矩阵。

例如，偏好矢量 $V = (0.2, 0.4, 0.8)$，当二元关系 R 描述成两元素之和小于 1，那么偏好矢量 V 基于关系 R 的属性关系矩阵为 $\begin{pmatrix} 0 & 0 & 1 \\ 0 & 0 & 1 \\ 1 & 1 & 1 \end{pmatrix}$。

定义 2.12 对于属性关系 R，两个偏好矢量 V^{i_1} 和 V^{i_2} 的关系矩阵分别为 $A^{i_1}(R)$ 和 $A^{i_2}(R)$，则这两个偏好矢量 V^{i_1} 和 V^{i_2} 的相聚度定义如下：

$$r_{i_1i_2}(V^{i_1}, V^{i_2}) = \frac{1}{\sqrt{N}} \cdot \frac{\|A^{i_1} + A^{i_2}\|_2}{\|A^{i_1}\|_\infty + \|A^{i_2}\|_\infty} \tag{2-12}$$

式中，$\|A\|_2 = (\rho(A^T \cdot A))^{\frac{1}{2}}$；$\|A\|_\infty = \max\limits_{1 \leqslant i \leqslant N} \sum\limits_{j=1}^{N} |a_{ij}|$；$\rho(A^T \cdot A)$ 为 $A^T \cdot A$ 的谱半径，即矩阵 $A^T \cdot A$ 特征值中绝对值最大者。

定理 2.3 两个偏好矢量 V^{i_1} 和 V^{i_2} 之间的相聚度 $r_{i_1i_2}(V^{i_1}, V^{i_2})$，满足下列性质：

（1）自反性：$r_{ii}(V^i, V^i) = \dfrac{1}{\sqrt{N}} \cdot \dfrac{\|A^i + A^i\|_2}{\|A^i\|_\infty + \|A^i\|_\infty} = 1$；

（2）对称性：$r_{i_1i_2}(V^{i_1}, V^{i_2}) = r_{i_2i_1}(V^{i_2}, V^{i_1})$；

（3）有界性：$0 \leqslant r_{i_1i_2}(V^{i_1}, V^{i_2}) \leqslant 1$。

证明 对称性显然成立，下证自反性和有界性：

（1）自反性。因为属性关系矩阵是 0～1 矩阵，可得 $\|A^i\|_2 = \sqrt{N}\|A^i\|_\infty$，则

$$r_{ii}(V^i, V^i) = \frac{1}{\sqrt{N}} \cdot \frac{\|A^i + A^i\|_2}{\|A^i\|_\infty + \|A^i\|_\infty} = \frac{1}{\sqrt{N}} \cdot \frac{2\sqrt{N}\|A^i\|_\infty}{2\|A^i\|_\infty} = 1$$

（2）有界性。$r_{i_1i_2}(V^{i_1},\ V^{i_2}) \geqslant 0$ 显然成立，下证 $r_{i_1i_2}(V^{i_1},\ V^{i_2}) \leqslant 1$。

由矩阵范数的性质得：$\|A\|_2 \leqslant \sqrt{N}\|A\|_\infty$，$\|A+B\|_2 \leqslant \|A\|_2 + \|B\|_2$，则有

$$r_{i_1i_2}(V^{i_1},\ V^{i_2}) = \frac{1}{\sqrt{N}} \cdot \frac{\|A^{i_1}+A^{i_2}\|_2}{\|A^{i_1}\|_\infty + \|A^{i_2}\|_\infty} \leqslant \frac{1}{N} \cdot \frac{\|A^{i_1}\|_2 + \|A^{i_2}\|_2}{\|A^{i_1}\|_\infty + \|A^{i_2}\|_\infty}$$

$$\leqslant \frac{\sqrt{N}}{N} \times \frac{\|A^{i_1}\|_\infty + \|A^{i_2}\|_\infty}{\|A^{i_1}\|_\infty + \|A^{i_2}\|_\infty} = 1$$

对于偏好矢量 V^{i_1} 和 V^{i_2} 的相聚性，引入如下条件：

$$r_{i_1i_2}(V^{i_1},\ V^{i_2}) \geqslant \gamma \tag{2-13}$$

即任何两个偏好矢量 V^{i_1} 和 V^{i_2} 之间的相聚度 $r_{i_1i_2}(V^{i_1},\ V^{i_2})$ 大于或等于阈值 γ。提出一个基于 $r_{i_1i_2}(V^{i_1},\ V^{i_2})$ 的聚类算法将一个群体偏好矢量集聚类成若干个聚集，设 n_k 是第 k 个聚集 C^k 的成员数，并且在群体中形成 K 个聚集，那么 $\sum\limits_{k=1}^{K} n_k = M$，式中 K 的取值范围为 $1 \leqslant K \leqslant M$。

2. 多方案排序决策问题

定义 2.13　设决策问题存在 P 个决策方案，群体中每个决策成员就 N 个进行属性对 P 个方案进行决策，设决策值为 v_j^{li}（其中 $i=1,\ 2,\ \cdots,\ M$；$j=1,\ 2,\ \cdots,\ N$；$l=1,\ 2,\ \cdots,\ P$），并且 $v_j^{li} \geqslant 0$，设 R 为 N 元偏好矢量 $V^{li} = (v_1^{li},\ v_2^{li},\ \cdots,\ v_N^{li})$ 上的属性二元关系，对任意的 $1 \leqslant j_1,\ j_2 \leqslant N$，称 $A^{li}(R) = (a_{j_1j_2}^{li})_{N \times N}$ 为成员 i 的基于关系 R 的属性关系矩阵，其中 $a_{j_1j_2}^{li} = 1$，当且仅当 $(v_{j_1}^i,\ v_{j_2}^i) \in R$，否则 $a_{j_1j_2}^{li} = 0$。显然该关系矩阵 $A^{li}(R)$ 是 $0 \sim 1$ 矩阵。

定义 2.14　对于第 l 个决策方案和属性关系 R，两个偏好矢量 V^{li_1} 和 V^{li_2} 的关系矩阵分别为 $A^{li_1}(R)$ 和 $A^{li_2}(R)$，则这两个偏好矢量 V^{li_1} 和 V^{li_2} 的相聚度定义如下：

$$r_{i_1i_2}^{l}(V^{li_1},\ V^{li_2}) = \frac{1}{\sqrt{N}} \cdot \frac{\|A^{li_1}+A^{li_2}\|_2}{\|A^{li_1}\|_\infty + \|A^{li_2}\|_\infty} \tag{2-14}$$

式中，$\|A\|_2$、$\|A\|_\infty$，$\rho(A^{\mathrm{T}} \cdot A)$ 的意义同定义 2.12。

同样，相聚度 $r_{i_1i_2}^{l}(V^{li_1},\ V^{li_2})$ 满足下列性质：

（1）自反性。$r_{ii}^{l}(V^{li},\ V^{li}) = \dfrac{1}{\sqrt{N}} \cdot \dfrac{\|A^{li} + A^{li}\|_{2}}{\|A^{li}\|_{\infty} + \|A^{li}\|_{\infty}} = 1$；

（2）对称性。$r_{i_1 i_2}^{l}(V^{li_1},\ V^{li_2}) = r_{i_2 i_1}^{l}(V^{li_2},\ V^{li_1})$；

（3）有界性。$0 \leqslant r_{i_1 i_2}^{l}(V^{li_1},\ V^{li_2}) \leqslant 1$。

同样引入阈值 γ（$0 \leqslant \gamma \leqslant 1$），设立如下条件：

$$r_{i_1 i_2}^{l}(V^{li_1},\ V^{li_2}) \geqslant \gamma \qquad (2\text{-}15)$$

对于第 l 个决策方案，执行群体成员偏好矢量聚类算法，可将群体 Ω 中的所有成员偏好矢量聚类成 K 个不同的聚集，形成该群体 Ω 的聚集结构。同样设 n_k^l 是属于第 l 个方案中的第 k 个聚集 C^{lk} 的成员数，那么 $\sum\limits_{k=1}^{K} n_k^l = M$。

2.2　复杂大群体决策偏好聚类方法

2.2.1　群体成员偏好聚类流程

虽然群体成员偏好具有差异性，但也存在相聚性，因此可以进行聚类，在群体中形成若干个不同的聚集，每个聚集中成员的偏好虽然不尽相同，但大体上是一致的。通过聚类结构的分析可以实现对群体偏好结构的分析，进一步理解群体成员偏好的分布情况。基于上述分析，提出群体成员聚类流程，群体中所有的成员通过聚类算法生成若干个聚集，利用这些聚集分析群体偏好的一致性情况，群体成员偏好聚类流程如图2-1所示。

2.2.2　群体成员偏好聚集算法

基于式（2-1）定义的相聚度 $r_{i_1 i_2}(V^{i_1},\ V^{i_2})$，把群体 Ω 中的成员偏好进行聚类，在 Ω 中形成不超过 M 个聚集（M 是群体成员的总数）。在聚集算法中使用一个阈值 γ，该阈值用于判断两个偏好矢量之间的相聚度，即一个成员近似区别另一个（组）成员应该依赖于这个阈值，以便判断这个成员是否应该

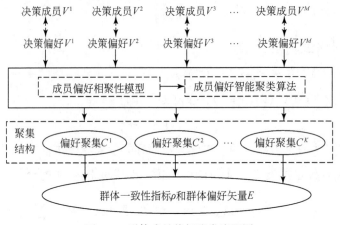

图 2-1　群体成员偏好聚类流程图

进入某一个聚集中。对一个已形成的聚集,从群体中选择一个偏好矢量,如果这个矢量与所有被选入该聚集所有矢量的线性组合间的相聚度大于或等于阈值 γ,则就将这个矢量分配该聚集。否则,这个矢量将不分配给这个聚集,而把它分配给一个临时集合。当群体所有的偏好矢量都被分配到相应的聚集中时,算法停止。

步骤 1　把群体 Ω 中所有成员的偏好矢量构成一个偏好集合 U,并对其中的矢量进行随机排序,所有偏好矢量顺序标记为 $1 \sim M$,同时设置一个临时集合 T。

步骤 2　初始化聚集计数器 $k=1$、矢量顺序号 $i=1$,阈值 γ($0 \leqslant \gamma \leqslant 1$)根据问题的实际情况取定一个实数,如 0.5、0.6、0.8 等。

步骤 3　从 U 中按顺序选取偏好矢量 V^i,其中 $V^i \in U$,把它分配到聚集 C^k,并且从集合 U 中移出 V^i,同时这个聚集 C^k 的成员计数器 $n_k=1$。

步骤 4　对 C^k 中所有偏好矢量进行线性组合得 Y,记为下式:

$$Y = \frac{1}{n_k} \sum_{i=1}^{n_k} V^i \tag{2-16}$$

步骤 5　如果 U 是非空的,那么从 U 中按顺序选择下一个矢量 V^i($i = i + 1$),这里 $V^i \in U$;如果 U 是空的,则转入步骤 7。

步骤6　计算 V^i 与 Y 的相聚度

$$r_i(Y,\ V^i) = \frac{(\mid Y - \bar{Y} \mid) \cdot (\mid V^i - \bar{V}^i \mid)^{\mathrm{T}}}{\|Y - \bar{Y}\|_p \cdot \|V^i - \bar{V}^i\|_q} \tag{2-17}$$

式中，p 和 q 意义同定义 2.2。

如果 $r_i(Y,\ V^i) \geqslant \gamma$，那么把 V^i 分配到 C^k 中，并且从 U 中移出 V^i，聚集成员计数器 $n_k = n_k + 1$；如果 $r_i(Y,\ V^i) < \gamma$，把 V^i 分配到临时集合 T 中，同时从 U 中移出 V^i。转入步骤 4。

步骤7　如果 T 是非空的，那么分别执行集合赋值操作 $U = T$、$T = $ 空集，聚集计数器 $k = k + 1$，转入步骤 3；否则，转入步骤 8。

步骤8　记录聚类结果。$K = $ 群体 Ω 中聚集的数量；$n_k = $ 聚集 C^k 中的成员数，这里 $i = 1,\ 2,\ \cdots,\ K$；C^k 为聚集 k。其中 $\sum\limits_{k=1}^{K} n_k = M$。

这里的 K 是群体成分因素的一个度量值。如果 $K = 1$，群体中只有一个聚集，即整个群体是一个同类群体，如果 $K > 1$，群体中存在多个不同类的聚集。

阈值 γ 的取值比较重要，因为某个成员 i 是否能够进入某个聚集 C^k，取决于成员 i 的偏好矢量 V^i 与聚集 C^k 中所有成员偏好矢量的线性组合 Y^k 间的相聚度 r_{ik} 是否大于或等于这个阈值 γ，即是否 $r_{ik} \geqslant \gamma$。如果该不等式成立，则成员 i 就可以进入聚集 C^k，即成员 i 与聚集 C^k 中所有成员的偏好是接近的，接近程度大于或等于这个阈值 γ；否则，成员 i 就不能进入聚集 C^k。若阈值 γ 越大，则成员 i 就越难进入聚集 C^k；反之，成员 i 就越易进入聚集 C^k。阈值 γ 的值可先由人工取一个较大的数，并执行聚类算法，然后降低阈值 γ 的值（可设定一个比例），继续执行算法，通过比较可以确定一个较为满意的阈值 γ（见本书 2.3 节中的模拟结果），通过这个阈值 γ 可分析和控制群体中的聚集结构。

2.2.3　群体成员偏好聚类算例

下面就 $p = q = 2$ 的情况，给出一个群体成员偏好聚类算法算例。现有 50 个成员构成群体 Ω，就某多属性决策问题进行决策，该决策问题存在 5 个属性，每个决策成员分别对这 5 个属性对该问题进行决策或评价，可得 50 个偏好矢量，为计算方便将偏好矢量中的元素值转化为 0 ~ 1。然后对这 50 个偏好矢量进行随机排序，得决策成员偏好矢量集 $\{V^i \mid i = 1, 2, \cdots, 50\}$，如表 2-2 所示。

表 2-2　群体成员偏好矢量表（V^i）

序号	属性 1	属性 2	属性 3	属性 4	属性 5	序号	属性 1	属性 2	属性 3	属性 4	属性 5
V^1	0.68	0.35	0.01	0.7	0.25	V^{26}	0.14	0.75	0.23	0.69	0.19
V^2	0.59	0.63	0.65	0.06	0.46	V^{27}	0.88	0.06	0.59	0.92	1
V^3	0.7	0.43	0.05	0.67	0.22	V^{28}	0.26	0.78	0.15	0.15	0.25
V^4	0.99	0.23	0.52	0.22	0.05	V^{29}	0.35	0.75	0.73	0.6	0.34
V^5	0.58	0.77	0.93	0.9	0.76	V^{30}	0.71	0.88	0.98	0.19	0.78
V^6	0.13	0.01	0.11	0.04	0.7	V^{31}	0.74	0.71	0.64	0.69	0.93
V^7	0.62	0.89	0.02	0.9	0.56	V^{32}	0.86	0.03	0.81	0.14	0.28
V^8	0.24	0.03	0.86	0.83	0.86	V^{33}	0.03	1	0.28	0.26	0.44
V^9	0.89	0.27	0.18	0.58	0.33	V^{34}	0.25	0.24	0.73	0.62	0.82
V^{10}	0.33	0.7	0.55	0.22	0.9	V^{35}	0.04	0.33	0.06	0.94	0.26
V^{11}	0.77	0.3	0.69	0.93	0.26	V^{36}	0.32	0.93	0.43	0.23	0.87
V^{12}	0.56	0.35	0.5	0.42	0.13	V^{37}	0.65	0.01	0.88	0.61	0.14
V^{13}	0.46	0.61	0.19	0.54	0.4	V^{38}	0.75	0.71	0.71	0.36	0.34
V^{14}	0.24	0.8	0.97	0.88	0.3	V^{39}	0.12	0.61	0.97	0.68	0.86
V^{15}	0.5	0.38	0.67	0.5	0.94	V^{40}	0.51	0.41	0.95	0.96	0.25
V^{16}	0.96	0.98	0.17	0.87	0.06	V^{41}	0.2	0.26	0.77	0.95	0.59
V^{17}	0.89	0.83	0.56	0.35	0.15	V^{42}	0.03	0.72	0.67	0.79	0.94
V^{18}	0.02	0.17	0.72	0.87	0.64	V^{43}	0.52	0.85	0.19	0.65	0.2
V^{19}	0.14	0.56	0.86	0.54	0.13	V^{44}	0.53	0.01	0.88	0.61	0.27
V^{20}	0.09	0.33	0.46	0.14	0.57	V^{45}	0.11	0.58	0.71	0.16	0.77
V^{21}	0.22	0.59	0.47	0.83	0.82	V^{46}	0.28	0.44	0.59	0.65	0.1
V^{22}	0.45	0.97	0.23	0.3	0.62	V^{47}	0.83	0.87	0.66	0.88	0.78
V^{23}	0.36	0.51	0.74	0.67	0.45	V^{48}	0.75	0.26	0.28	0.3	0.29
V^{24}	0.6	0.93	0.4	0.54	0.25	V^{49}	0.24	0.21	0.03	0.63	0.24
V^{25}	0.55	0.11	0.46	0.5	0.87	V^{50}	0.97	0.38	0.62	0.96	0.26

显然 $M=50$，$N=5$，分别取阈值 $\gamma=0.9$、0.8、0.7、0.65、0.5 和 0.3 为例，算法执行结果如下：

（1）取阈值 $\gamma=0.9$，则聚集数 $K=17$，如表 2-3 所示。

表 2-3　群体成员聚类表（$\gamma=0.9$）

聚集 C^k	成员数 n_k	成员 V^i	聚集 C^k	成员数 n_k	成员 V^i
聚集 C^1	6	V^1，V^3，V^5，V^{23}，V^{30}，V^{38}	聚集 C^{10}	2	V^{19}，V^{45}
聚集 C^2	6	V^2，V^{35}，V^{36}，V^{37}，V^{39}，V^{48}	聚集 C^{11}	2	V^{24}，V^{25}
聚集 C^3	3	V^4，V^9，V^{42}	聚集 C^{12}	3	V^{27}，V^{28}，V^{34}
聚集 C^4	5	V^6，V^{15}，V^{17}，V^{46}，V^{49}	聚集 C^{13}	1	V^{31}
聚集 C^5	3	V^7，V^{13}，V^{44}	聚集 C^{14}	1	V^{32}
聚集 C^6	4	V^8，V^{11}，V^{22}，V^{26}	聚集 C^{15}	1	V^{33}
聚集 C^7	2	V^{10}，V^{50}	聚集 C^{16}	1	V^{40}
聚集 C^8	5	V^{12}，V^{16}，V^{20}，V^{29}，V^{43}	聚集 C^{17}	1	V^{47}
聚集 C^9	4	V^{14}，V^{18}，V^{21}，V^{41}			

（2）取阈值 $\gamma=0.8$，则聚集数 $K=8$，如表 2-4 所示。

表 2-4　群体成员聚类表（$\gamma=0.8$）

聚集 C^k	成员数 n_k	成员 V^i	聚集 C^k	成员数 n_k	成员 V^i
聚集 C^1	21	V^1，V^2，V^3，V^4，V^5，V^9，V^{12}，V^{14}，V^{15}，V^{16}，V^{17}，V^{19}，V^{20}，V^{21}，V^{29}，V^{31}，V^{34}，V^{36}，V^{38}，V^{43}，V^{50}	聚集 C^5	2	V^{25}，V^{27}
聚集 C^2	7	V^6，V^{10}，V^{11}，V^{24}，V^{37}，V^{44}，V^{47}	聚集 C^6	3	V^{30}，V^{40}，V^{46}
聚集 C^3	4	V^7，V^{13}，V^{22}，V^{28}	聚集 C^7	2	V^{39}，V^{42}
聚集 C^4	10	V^8，V^{18}，V^{23}，V^{26}，V^{32}，V^{33}，V^{35}，V^{41}，V^{45}，V^{48}	聚集 C^8	1	V^{49}

（3）取阈值 $\gamma=0.7$，则聚集数 $K=5$，如表 2-5 所示。

表 2-5　群体成员聚类表（$\gamma=0.7$）

聚集 C^k	成员数 n_k	成员 V^i	聚集 C^k	成员数 n_k	成员 V^i
聚集 C^1	27	V^1, V^2, V^3, V^4, V^5, V^9, V^{10}, V^{12}, V^{14}, V^{15}, V^{16}, V^{17}, V^{18}, V^{19}, V^{20}, V^{21}, V^{25}, V^{26}, V^{31}, V^{36}, V^{37}, V^{38}, V^{40}, V^{43}, V^{45}, V^{46}, V^{50}	聚集 C^4	1	V^{27}
聚集 C^2	14	V^6, V^8, V^{11}, V^{13}, V^{22}, V^{23}, V^{24}, V^{30}, V^{32}, V^{35}, V^{41}, V^{44}, V^{47}, V^{49}	聚集 C^5	2	V^{39}, V^{42}
聚集 C^3	6	V^7, V^{28}, V^{29}, V^{33}, V^{34}, V^{48}			

（4）取阈值 $\gamma=0.65$，则聚集数 $K=4$，如表 2-6 所示。

表 2-6　群体成员聚类表（$\gamma=0.65$）

聚集 C^k	成员数 n_k	成员 V^i	聚集 C^k	成员数 n_k	成员 V^i
聚集 C^1	32	V^1, V^2, V^3, V^4, V^5, V^6, V^8, V^9, V^{11}, V^{14}, V^{15}, V^{16}, V^{17}, V^{18}, V^{19}, V^{20}, V^{21}, V^{22}, V^{26}, V^{30}, V^{31}, V^{35}, V^{36}, V^{37}, V^{38}, V^{40}, V^{43}, V^{45}, V^{46}, V^{47}, V^{49}, V^{50}	聚集 C^3	4	V^{10}, V^{12}, V^{27}, V^{44}
聚集 C^2	13	V^7, V^{13}, V^{23}, V^{24}, V^{25}, V^{28}, V^{29}, V^{32}, V^{33}, V^{34}, V^{41}, V^{42}, V^{48}	聚集 C^4	1	V^{39}

（5）取阈值 $\gamma=0.5$，则聚集数 $K=2$，如表 2-7 所示。

表 2-7　群体成员聚类表（$\gamma=0.5$）

聚集 C^k	成员数 n_k	成员 V^i	聚集 C^k	成员数 n_k	成员 V^i
聚集 C^1	45	V^1, V^2, V^3, V^4, V^5, V^6, V^8, V^9, V^{10}, V^{11}, V^{12}, V^{13}, V^{14}, V^{15}, V^{16}, V^{17}, V^{18}, V^{19}, V^{20}, V^{21}, V^{22}, V^{23}, V^{25}, V^{26}, V^{27}, V^{28}, V^{29}, V^{30}, V^{31}, V^{32}, V^{33}, V^{34}, V^{35}, V^{36}, V^{38}, V^{39}, V^{40}, V^{41}, V^{42}, V^{45}, V^{46}, V^{47}, V^{48}, V^{49}, V^{50}	聚集 C^2	5	V^7, V^{24}, V^{37}, V^{43}, V^{44}

（6）取阈值 $\gamma = 0.3$，则聚集数 $K = 1$，如表 2-8 所示。

表 2-8　群体成员聚类表（$\gamma = 0.3$）

聚集 C^k	成员数 n_k	成员 V^i
聚集 C^1	49	V^1，V^2，V^3，V^4，V^5，V^6，V^7，V^8，V^9，V^{10}，V^{11}，V^{12}，V^{13}，V^{14}，V^{15}，V^{16}，V^{17}，V^{18}，V^{19}，V^{20}，V^{21}，V^{22}，V^{23}，V^{24}，V^{25}，V^{26}，V^{27}，V^{28}，V^{29}，V^{30}，V^{31}，V^{32}，V^{34}，V^{35}，V^{36}，V^{37}，V^{38}，V^{39}，V^{40}，V^{41}，V^{42}，V^{43}，V^{44}，V^{45}，V^{46}，V^{47}，V^{48}，V^{49}，V^{50}

由此可知，当阈值 γ 较小时，形成的聚集数量也较少，随着阈值 γ 的不断增大，形成的聚集数量也随之增加。通过控制阈值 γ 可控制群体成员聚类的细度。一般的，阈值 γ 应在 $0.5 \sim 1$ 取值，根据上面实例的实验结果，通常情况下，阈值 $\gamma = 0.8$ 为好，这时结果与实际比较符合。

2.2.4　基于改进蚁群算法的群体成员偏好聚类算法

目前研究较多的聚类分析方法如比较典型的聚类分析方法有最大（小）支撑数聚类算法（Zahn，1971）、C-均值模糊聚类法（Bezdek，1988）、编网聚类法（于春海和樊治平，2004）、矢量空间聚类法（2.2.2 节）等存在聚类元素的初始排列或输入次序依赖性、聚类过程不可逆性、无法适应多属性复杂大群体聚类要求等缺点。蚁群聚类算法（Deneubourg et al.，1991）是一种基于群体智能的聚类算法，具有聚类过程自组织性、并行性、顽健性等优点，能有效地克服上面典型的聚类算法的缺点，能够获得更好的多属性复杂大群体聚类结果；但同时也存在参数选取复杂、自适应性差、随机性、收敛速度过慢等缺点，针对蚁群聚类算法的上述缺点，结合矢量空间以及离散点（Hawkins，1980）等相关知识提出一种改进的聚类算法，应用于多属性复杂大群体决策中。

1. 蚁群聚类算法基本原理

将蚁群算法用于聚类分析，灵感源于蚂蚁堆积它们的尸体和分类它们的幼体。Deneubourg 等（1991）提出了解释这种行为的基本模型，称为 BM 模型。

Lumber 等（1994）将 BM 模型推广应用到数据的聚类分析，主要思想是将待聚类对象随机分布在一个二维网格上，然后由蚂蚁测量当前对象在局部环境内的群体相似度，并将这种群体相似度通过概率转换函数转换成拾起、移动或放下的概率，经过有限次迭代，数据对象按其相似性而聚集，最后得到聚类结果和聚类数目。

首先建立邻域相似度函数。假设在时刻 t 某只蚂蚁在地点 r 发现一个数据对象 o_i，则可将对象 o_i 与其邻域对象 o_j 的平均相似度定义为（Bonabeau et al.，1999）

$$f(o_i) = \max\left\{0,\ \frac{1}{s^2}\sum_{o_j \in Neigh_{s \times s}(r)}\left[1 - \frac{d(o_i,\ o_j)}{\alpha(1 + (v - 1)/v_{\max})}\right]\right\} \quad (2\text{-}18)$$

式中，α 为相似度参数；v 为蚂蚁运动的速度；$v_{\max}$ 为最大速度；$Neigh_{s \times s}(r)$ 为地点 r 周围的以 s 为边长的正方形局部区域；$d(o_i,\ o_j)$ 为对象 o_i 和 o_j 在属性空间中的距离。在此基础上建立概率转换函数。聚类分析过程中，蚂蚁总是拾起与邻域节点最不相似的节点，然后将节点放到与邻域节点最为相似的位子中。概率转换函数是 $f(o_i)$ 的一个函数，它将数据对象的平均相似性转化为"拾起"或"放下"的概率，分别用 p_p 和 p_d 表示

$$p_p = 1 - Sigmoid(f(o_i)) \quad (2\text{-}19)$$

$$p_d = Sigmoid(f(o_i)) \quad (2\text{-}20)$$

式中，

$$Sigmoid(x) = \frac{1 - e^{-cx}}{1 + e^{-cx}} \quad (2\text{-}21)$$

为自然指数形式，其中调整算法收敛速度的参数 c 越大，曲线饱和越快，算法收敛速度也越快。数据对象与其邻域的平均相似度越小，说明该数据对象属于此邻域的可能性越小，因此"拾起"概率越大，"放下"概率越小，反之亦然。

2. 改进的蚁群聚类算法

多属性复杂大群体决策中，设决策群体为 Ω，其中有 M 个决策成员。决

策问题有 N 个属性。则群体 Ω 中的第 i 个成员针对该决策问题关于这 N 个属性的评价值为 o_j^i，并且 $o_j^i \geqslant 0$，$j = 1, 2, \cdots, N$，则群体 Ω 第 i 个成员的偏好矢量为 $O^i = (o_1^i, o_2^i, \cdots, o_N^i)$，$i = 1, 2, \cdots, M$。

两个偏好矢量 O^i 和 O^j 之间的相聚度 $d_{ij}(O^i, O^j)$ 定义如下

$$d_{ij}(O^i, O^j) = \frac{(|O^i - \overline{O^i}|) \cdot (|O^j - \overline{O^j}|)^{\mathrm{T}}}{\|O^i - \overline{O^i}\|_p \cdot \|O^j - \overline{O^j}\|_q} \qquad (2\text{-}22)$$

式中，$1 < p < +\infty$，$1 < q < +\infty$，且 $1/p + 1/q = 1$；$\| \ \|_p$ 为矢量的 p 范数；$\| \ \|_q$ 为矢量的 q 范数；$\overline{O^i} = \frac{1}{N} \sum\limits_{l=1}^{N} o_l^i$，$\overline{O^j} = \frac{1}{N} \sum\limits_{l=1}^{N} o_l^j$。

1）改进的邻域相似度计算公式

在蚁群聚类算法中，数据的相似度根据式（2-18）计算，其中相似度系数 α 直接决定了聚类数目和收敛速度。若 α 过大，则不相似的对象可能会聚为一类；若群体相似系数 α 过小，则相似的对象可能会聚集到不同的类中。虽有文献（吴斌，2002）指出 α 应随着循环次数的增加逐渐变化，但在算法的具体实现中，如何变化 α 缺乏相应的理论指导，不同的应用中 α 的变化不尽相同，因此难以掌握。另外，其概率转换函数采取式（2-19）、式（2-20）和式（2-21），虽然起到了简化参数选取的作用，但可以看到，c 值对"拾起"和"放下"概率也会产生重要影响，因此，怎样合理选择 c 值也是一个问题。

为了避免 α 和 c 参数取值对聚类结果的影响，本章提出更简单的相似度衡量方式：由式（2-22）可知，相似度的衡量由偏好矢量之间的相聚度决定，如式（2-23）所示。

$$f(O^i) = \begin{cases} \dfrac{1}{n_i} \sum\limits_{O^j \in \mathrm{Neigh}_{s \times s}(r)} d_{ij}(O^i, O^j), & n_i > n_{\min} \\ \beta, & n_i < n_{\min} \end{cases} \qquad (2\text{-}23)$$

式中，n_i 为数据对象 O^i 在以 r 为中心；s 为边长的正方形领域内的对象个数。$f(O^i)$ 的值越大，说明数据对象 O^i 的群体相似度越大；$n_{\min}$ 表示为了让 O^i 邻域内包含一定数量的对象，O^i 邻域内应该包含对象的最小数量（算法中可让 $n_{\min}$

逐渐增大，以减少算法后期一类被分为若干小类的情况）；β 一般取比较小的值，从而使分散节点能够被快速地"拾起"。

2）相似度阈值函数

改进的算法不再采用概率转换函数，而是设定相似度阈值 γ，$f(O^i)$ 与阈值 γ 进行比较，决定"拾起"还是"放下"数据对象。算法简单易行，而且避免了 c 的取值对算法的影响。由于在聚类的初始阶段，数据对象之间的相聚度比较小，γ 应取较小的值。随着循环次数的增加，相似的对象之间慢慢聚在一起 $f(O^i)$ 会逐渐增大，这时应调整阈值 γ，使其也逐渐增大。γ 的调节公式为

$$\gamma(t+1) = \begin{cases} \gamma(t), & \mod(t, n_t) \neq 0 \\ (1+k)\gamma(t), & \text{其他} \end{cases}$$

式中，k 可取 $0 \sim 0.1$ 的实数，并使 $(1+k)\gamma(t) \leq 1$。即每 n_t 次循环后，γ 的值就相应增大一点，t 为循环次数，可根据相似度下降的快慢适当加大或缩小。

3）短期记忆

Lamer 和 Faieta 对蚁群算法进行了改进，引入了短期记忆（Zahn，1971）。本算法同样增加了一类私有短期记忆——离散偏好矢量对象记忆，以减少蚂蚁随机获得下一负载节点的盲目性和随机性并提高邻域内相似度。

离散点（徐仲，2002）是一些与数据的一般行为或数据模型不一致的数据对象，是对差异和极端特例的描述，如标准外的特例、数据聚类外的离群值等。

设 $O^i = \{o^i_1, o^i_2, \cdots, o^i_N\}$，$O^i = \{o^j_1, o^j_2, \cdots, o^j_N\}$ 为两偏好矢量。$O^i = \{o^j_1, o^j_2, \cdots, o^j_N\}$ 称为离散偏好矢量对象，满足以下条件 $d_{ij}(O^i, O^j) < \varepsilon$。其中，$\varepsilon$ 为离散相聚度。

聚类过程中负载的蚂蚁找到一个空格时，需要和半径为 s 的区域中的节点相比较，如果邻域相似度比较大，则放下负载。若放下负载的区域中存在和该负载不相似的离散偏好矢量对象，蚂蚁对相应的对象信息进行短期记忆，将该信息作为蚂蚁的下一个负载节点的判定信息。

3. 算法实现

输入：待聚类群体成员偏好矢量对象。

输出：聚类后的群体成员偏好矢量对象。

步骤 1 初始化。蚂蚁数量 ant-number，最大循环次数 cycle-number，半径 r，边长 s，邻域内最少对象数 $n_{\min}$ 以及 β，相似度阈值初始值 $\gamma(1)$ 以及调整系数 n_t、k、离散相聚度 ε 等。

步骤 2 将待聚类偏好矢量对象投影到一个二维网格上，给每个偏好矢量对象随机地分配一对坐标值 (x, y)。

步骤 3 每只蚂蚁初始化为有负载，并随机地选择一个偏好矢量对象。

步骤 4 参数蚂蚁运动速度 v 为递减随机数：蚂蚁刚开始运动时的速度较快，以便迅速聚类；然后其值以随机的方式逐步减少，以使聚类结果更为精细。

步骤 5 For cycle = 1, 2, …, cycle-number

　　　　　For ant = 1, 2, …, ant-number

（1）根据式（2-12）计算偏好矢量对象的邻域相似度 $f(O^i)$。

（2）如果蚂蚁无负载，比较 $f(O^i)$ 与 γ 的大小，并通过式 $d_{ij}(O^i, O^j) < \varepsilon$ 对可能的离散偏好矢量对象进行短期记忆。若 $f(O^i) < \gamma$ 并且同时该偏好矢量对象未被其他蚂蚁"拾起"，则蚂蚁"拾起"该对象，随机移往别处，并标记自己有负载；否则，蚂蚁拒绝"拾起"该偏好矢量对象。如果蚂蚁存在离散偏好矢量对象记忆，则选择离散偏好矢量对象，否则随机选择其他偏好矢量对象。

（3）如果蚂蚁有负载，比较 $f(O^i)$ 与 γ 的大小，并通过式 $d_{ij}(O^i, O^j) < \varepsilon$ 对可能的离散偏好矢量对象进行短期记忆。若 $f(O^i) \geq \gamma$，则蚂蚁"放下"该偏好矢量对象，并标记自己未负载。如果蚂蚁存在离散偏好矢量对象记忆，则选择离散偏好矢量对象，否则随机选择其他偏好矢量对象。

步骤 6（对所有的偏好矢量对象） For object = 1, 2, …, M。给该偏好矢量对象分配个聚类序列号，并递归地将其邻域对象标记为同样的序列号。

4. 算法实例

为了便于计算,下面就式(2-22)中 $p=q=2$ 的情况,给出一个复杂大群体决策算法实例。有一投资公司要进行一项风险投资决策,现聘请 30 位专家构成群体 Ω,每位专家就该决策问题进行群体决策,现从 5 个评判准则进行评判,每个成员分别利用这 5 个属性对该问题进行评判,可得 30 个偏好矢量,为计算方便将偏好矢量中的元素值转化为 0~1。然后对这 30 个偏好矢量进行随机排序,得偏好矢量集 $\{O^i \mid i=1, 2, \cdots, 30\}$ 如表 2-9 所示。

表 2-9　群体成员偏好矢量表

序号	属性1	属性2	属性3	属性4	属性5	序号	属性1	属性2	属性3	属性4	属性5
O^1	0.74	0.71	0.64	0.69	0.93	O^{16}	0.28	0.44	0.59	0.65	0.1
O^2	0.86	0.03	0.81	0.14	0.28	O^{17}	0.83	0.87	0.66	0.88	0.78
O^3	0.03	1	0.28	0.26	0.44	O^{18}	0.75	0.26	0.28	0.3	0.29
O^4	0.25	0.24	0.73	0.62	0.82	O^{19}	0.97	0.38	0.62	0.96	0.26
O^5	0.04	0.33	0.06	0.94	0.26	O^{20}	0.09	0.33	0.46	0.14	0.57
O^6	0.32	0.93	0.43	0.23	0.87	O^{21}	0.22	0.59	0.47	0.83	0.82
O^7	0.65	0.01	0.88	0.61	0.14	O^{22}	0.14	0.56	0.86	0.54	0.13
O^8	0.75	0.71	0.71	0.36	0.34	O^{23}	0.36	0.51	0.74	0.67	0.45
O^9	0.12	0.61	0.97	0.68	0.86	O^{24}	0.6	0.93	0.4	0.54	0.25
O^{10}	0.51	0.41	0.95	0.96	0.25	O^{25}	0.13	0.01	0.11	0.04	0.7
O^{11}	0.2	0.26	0.77	0.95	0.59	O^{26}	0.14	0.75	0.23	0.69	0.19
O^{12}	0.03	0.72	0.67	0.79	0.94	O^{27}	0.33	0.7	0.55	0.22	0.9
O^{13}	0.52	0.85	0.19	0.65	0.2	O^{28}	0.77	0.3	0.69	0.93	0.26
O^{14}	0.53	0.01	0.88	0.61	0.27	O^{29}	0.24	0.03	0.86	0.83	0.86
O^{15}	0.11	0.58	0.71	0.16	0.77	O^{30}	0.02	0.17	0.72	0.87	0.64

显然已知 $M=30$,$N=5$。取 ant-number = 10,cycle-number = 1000,阈值 $\gamma=0.6$,$\varepsilon=\beta=0.5$,$k=0.015$,$n_t=500$。聚集结果数为 5,如表 2-10 所示。

表 2-10 聚类结果

聚集 C^k	成员数 n_k	成员 O^i
聚集 C^1	9	O^1, O^4, O^6, O^8, O^{13}, O^{19}, O^{20}, O^{21}, O^{22}
聚集 C^2	7	O^7, O^{14}, O^{17}, O^{24}, O^{25}, O^{27}, O^{28}
聚集 C^3	10	O^2, O^3, O^5, O^{11}, O^{15}, O^{18}, O^{23}, O^{26}, O^{29}, O^{30}
聚集 C^4	2	O^{10}, O^{16}
聚集 C^5	2	O^9, O^{12}

由于本方法适用于大群体聚类，现以同样适用于大群体聚类的 2.2.2 节中的聚类方法进行比较。利用表 2-9 的数据，采用 2.2.2 中的聚类算法和上述相同的阈值 $\gamma = 0.6$，可得聚集结果数为 21，如表 2-11 所示。

表 2-11 聚类结果

聚集 C^k	成员数 n_k	成员 O^i	聚集 C^k	成员数 n_k	成员 O^i
聚集 C^1	3	O^1, O^2, O^{25}	聚集 C^{12}	2	O^{17}, O^{19}
聚集 C^2	2	O^3, O^5	聚集 C^{13}	1	O^{20}
聚集 C^3	1	O^4	聚集 C^{14}	1	O^{21}
聚集 C^4	1	O^6	聚集 C^{15}	1	O^{22}
聚集 C^5	3	O^7, O^{12}, O^{24}	聚集 C^{16}	1	O^{23}
聚集 C^6	1	O^8	聚集 C^{17}	1	O^{26}
聚集 C^7	3	O^9, O^{13}, O^{14}	聚集 C^{18}	1	O^{27}
聚集 C^8	2	O^{10}, O^{18}	聚集 C^{19}	1	O^{28}
聚集 C^9	1	O^{11}	聚集 C^{20}	1	O^{29}
聚集 C^{10}	1	O^{15}	聚集 C^{21}	1	O^{30}
聚集 C^{11}	1	O^{16}			

并且群体一致性指标 $\rho = 0.303$，即其离散度为 0.697，大于上述离散相聚度 $\varepsilon = 0.5$，因此，聚类效果不如本节的方法。

复杂大群体决策成员偏好矢量聚类是群决策中一门非常有用的技术，用于从大量群体决策数据中寻找决策数据之间的相似性。利用矢量空间中的矢量相聚度（2.2.2 节）、离散点等相关概念，提出了一种改进的蚂蚁聚类算法，通过改进相似度阈值函数和增加短期记忆功能，该算法能够有效改善蚂蚁行为的随机性，缩短蚂蚁寻找负载节点的时间，比同类算法具有较好的收敛性。蚁群聚类算法还有许多值得探索的方面，如算法中相似度函数值的计算只与邻域内偏好矢量节点的相聚度有关而与邻域的密度无关，算法的收敛速度明显加快，但是算法也容易陷入局部最优；由于蚂蚁的运动行为的随意性，算法仍需要较长时间收敛。为了得到更好的聚类结果，常常在蚁群聚类算法的初始结果上结合其他聚类方法对聚类算法进行扩展，如 FCM 算法、基于密度的聚类方法等。因此，蚁群聚类算法和已有的聚类技术相结合也是值得进一步探讨的课题。

2.3 复杂大群体偏好一致性分析方法

群体决策实际上就是群体中所有成员意见的综合，通过群体一致性指标进行评价。群体的一致性指标依赖于群体中聚集的结构以及各个聚集的一致性指标，因此首先必须建立各个聚集的一致性指标，在此基础上整合建立并计算整个群体的一致性指标。

定义 2.15 聚集一致性指标模型。对于群体成员偏好矢量集 Ω 中聚集 C^k（其中的成员偏好矢量必须超过 1 个），定义聚集 C^k 的偏好一致性指标 ρ^k 如下：

$$\rho^k = \frac{1}{C_{n_k}^2} \sum_{k_2 = 1, k_1 > k_2}^{n_k} r_{k_1 k_2}(V^{k_1}, V^{k_2}) \tag{2-24}$$

式中，$V^{k_1}, V^{k_2} \in C^k(k_1, k_2 = 1, 2, \cdots, n_k)$；$C_{n_k}^2 = \frac{n_k \cdot (n_k - 1)}{2}$。

一个聚集仅当它包含超过一个成员的时候，才认为它是有意义的，任何只含有一个成员的聚集认为其一致性指标 ρ^k 为零。在一致性意义下，当所有成员的偏好矢量被调整为沿着同一方向时，ρ^k 等于 1。

定义 2.16 群体一致性指标模型。群体一致性指标定义如下：

$$\rho = \sum_{k=1}^{K} \frac{n_k}{M} \cdot \rho^k \tag{2-25}$$

群体的一致性是在各个聚集一致性之间的进行综合，受群体中大聚集一致性的影响较大。如果群体中只有一个聚集，则该群体的一致性指标为 1，被认为完全一致。当聚集个数大于 1 时，该群体的一致性指标就会小于 1，被认为群体的一致性下降。若 ρ 值越大，群体的一致性越强，表明群体成员的意见越趋于一致；若 ρ 值越小，群体的一致性越弱，表明群体成员的意见越趋于不一致。

ρ 值受阈值 γ 取值大小的影响较大，当 γ 值从 1 逐渐下降到 0 时，ρ 值则从 0 逐渐上升到 1，为了使群体成员分类的细度较为合理，一般来说阈值 γ 应在 $0.5 \sim 1$ 取值。

为了刻画阈值 γ 取值大小对群体一致性指标 ρ 值的影响关系，下面选取 50 个成员对 5 个决策属性（指标或准则）形成的偏好矢量集 $\{V^i \mid i = 1, 2, \cdots, 50\}$，阈值 γ 从 $0 \sim 1$ 取值，数据间隔为 0.01，总共 100 个阈值 γ，执行上述聚类算法，可得 100 个群体一致性指标 ρ 值，绘出阈值 γ 影响群体一致性指标 ρ 的关系模拟图形，如图 2-2 所示。

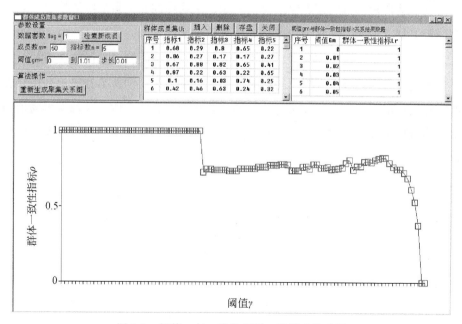

图 2-2　阈值 γ 与一致性指标 ρ 的影响关系图

从图 2-2 中可看出，当阈值 γ 取值比较小的时候，群体一致性指标 ρ 值几乎为 1，说明群体一致性较强，群体成员的意见在这种阈值意义下趋于一致；

随着阈值 γ 的值逐渐增大到 0.42 时，ρ 值突然小于 1，把这个点称为拐点；当阈值 γ 继续增大时，ρ 值缓慢增加，当阈值 γ 超过 0.76 时，ρ 值快速减少直至 0 为止，群体成员的意见在这种阈值意义下趋于不一致的程度逐渐加大直至完全不一致。根据上面模拟实验结果，阈值 $\gamma = 0.8$ 左右为好，这时结果与实际比较符合。

此外，群体一致性指标 ρ 值还受到群体成员偏好矢量的随机排序的影响，对偏好矢量进行不同的随机排序，ρ 值与阈值 γ 的关系将有所变化。经过多次实验表明，无论对群体成员偏好矢量做多少次随机排序，ρ 值与阈值 γ 的关系大体相似，其中有小的波动，但不影响总体趋势。

2.4　本 章 小 结

本章结合特大自然灾害应急决策问题、决策属性和决策群体的特点，系统地分析了复杂大群体偏好结构分析的必要性，从决策成员偏好之间的不同关系出发，针对求解决策问题和多方案排序问题分别提出了复杂大群体决策成员偏好相聚模型。在此基础上提出了群体成员偏好聚类流程和聚类方法，利用聚类算法结果提出了复杂大群体偏好一致性分析模型和分析方法，并就聚类阈值与群体一致性的关系进行了模拟实验，得出了复杂大群体决策偏好结构分析结果。

第3章 确定型偏好信息复杂大群体决策偏好集结模型

多属性问题复杂大群体决策中,由于决策成员的知识背景不同、对决策问题的理解程度存在差异以及各种主客观条件的限制,因此对问题的决策偏好信息存在多种形式,大体分为确定型偏好信息和不确定型偏好信息两种,本章主要阐述确定型决策偏好信息复杂大群体决策偏好集结模型和方法。群体决策实际上就是群体中所有决策成员偏好的集结,用群体的决策偏好矢量进行度量和评价。利用第2章的聚类方法使得群体偏好形成一些聚集,即群体是多个聚集组成的一个集合,从而减少群体意见集结的复杂程度。群体的偏好依赖于群体中聚集的结构以及各个聚集的偏好,因此首先必须建立各个聚集的偏好,在此基础上建立整个群体的偏好。根据决策问题的不同类型,形成下列不同类型的复杂大群体偏好集结模型。

3.1 求解决策问题复杂大群体决策偏好集结模型

对于求解决策问题,利用上一章的群体偏好聚类方法,将决策成员偏好矢量集 $\{V^i \mid i = 1, 2, \cdots, M\}$ 聚类成 K 个聚集 $\{C^k \mid k = 1, 2, \cdots, K\}$,$n_k$ 是第 k 个聚集 C^k 的决策成员数,$\sum_{k=1}^{K} n_k = M$,利用聚集结构进行群体偏好集结。

3.1.1 群体偏好形成

定义 3.1 聚集偏好矢量。对于聚集 C^k,利用偏好矢量相加的方法定义

聚集 C^k 的偏好矢量 G^k，即 $G^k = \sum_{V^i \in C^k} V^i$。对 G^k 进行标准化，得单位偏好矢量，并记为 $\hat{G}^k$，即有下式：

$$\hat{G}^k = \sum_{V^i \in C^k} V^i / \left\| \sum_{V^i \in C^k} V^i \right\|_2, \quad 其中，\hat{G}^k_j = \sum_{V^i \in C^k} v^i_j / \left\| \sum_{V^i \in C^k} V^i \right\|_2, \quad j = 1, 2, \cdots, N$$

$$(3-1)$$

并且使得 $\hat{G}^k \cdot (\hat{G}^k)^T = 1$。为了方便，将 $\hat{G}^k$ 仍记为 G^k。

由于每个聚集中的决策成员偏好大体上比较接近，所以采用相加再标准化的方法进行集结，聚集的偏好综合了该聚集中所有成员的偏好，代表整个聚集对决策问题的偏好。

定义 3.2 群体偏好矢量。对所有聚集的偏好矢量 $\hat{G}^k$ 进行加权求和，获得群体偏好矢量

$$E = \sum_{k=1}^K \frac{n_k}{M} \hat{G}^k, \quad 其中，e_j = \sum_{k=1}^K \frac{n_k}{M} \hat{G}^k_j, \quad j = 1, 2, \cdots, N \quad (3-2)$$

对 E 进行标准化，得单位矢量，并记为 $\hat{E}$，即有下式：$\hat{E} = E / \|E\|_2$，并且使得 $\hat{E} \cdot (\hat{E})^T = 1$。为了方便，将 $\hat{E}$ 仍记为 E。

群体的偏好综合了群体中所有聚集的偏好，代表整个群体对决策问题的偏好，它受群体中大聚集偏好的影响较大。群体偏好矢量可作为问题的决策依据。

定义 3.3 群体决策集结值。为群体偏好在 N 个属性中的综合。设 N 个属性的权重矢量为 $W = (w_1, w_2, \cdots, w_N)$，式中，$0 \leqslant w_j \leqslant 1$，且 $\sum_{j=1}^N w_j = 1$。则下式为群体决策集结值

$$O = W \cdot E^T = \sum_{j=1}^N w_j \cdot e_j \quad (3-3)$$

3.1.2 求解问题群体决策偏好集结算例

下面以 2.2.3 节的算例表 2-2 数据为例给出一个复杂大群体决策偏好集结算例，聚类算法执行结果如下：

（1）取阈值 $\gamma = 0.9$，则聚集数 $K = 17$，群体偏好矢量为 $E =$（0.402，0.434，0.447，0.481，0.4），群体一致性指标为 $\rho = 0.764$，如表 3-1 所示。

表 3-1　群体聚集结构（$\gamma = 0.9$）

聚集 C^k	成员数 n_k	成员 V^i	聚集偏好矢量 E^k	聚集一致性指标 ρ^k
聚集 C^1	6	V^1，V^3，V^5，V^{23}，V^{30}，V^{38}	（0.491，0.474，0.444，0.453，0.364）	0.847
聚集 C^2	6	V^2，V^{35}，V^{36}，V^{37}，V^{39}，V^{48}	（0.387，0.434，0.512，0.442，0.451）	0.678
聚集 C^3	3	V^4，V^9，V^{42}	（0.569，0.363，0.408，0.473，0.393）	0.922
聚集 C^4	5	V^6，V^{15}，V^{17}，V^{46}，V^{49}	（0.448，0.411，0.43，0.476，0.468）	0.724
聚集 C^5	3	V^7，V^{13}，V^{44}	（0.469，0.44，0.318，0.597，0.358）	0.948
聚集 C^6	4	V^8，V^{11}，V^{22}，V^{26}	（0.34，0.436，0.428，0.585，0.411）	0.91
聚集 C^7	2	V^{10}，V^{50}	（0.493，0.409，0.443，0.447，0.44）	0.98
聚集 C^8	5	V^{12}，V^{16}，V^{20}，V^{29}，V^{43}	（0.322，0.281，0.04，0.844，0.844，0.322）	0.874
聚集 C^9	4	V^{14}，V^{18}，V^{21}，V^{41}	（0.123，0.33，0.532，0.844，0.641，0.427）	0.886
聚集 C^{10}	2	V^{19}，V^{45}	（0.11，0.503，0.692，0.844，0.313，0.397）	0.903
聚集 C^{11}	2	V^{24}，V^{25}	（0.491，0.444，0.367，0.844，0.444，0.478）	0.97
聚集 C^{12}	3	V^{27}，V^{28}，V^{34}	（0.395，0.307，0.417，0.844，0.48，0.588）	0.859
聚集 C^{13}	1	V^{31}	（0.442，0.424，0.382，0.844，0.412，0.556）	0
聚集 C^{14}	1	V^{32}	（0.703，0.025，0.663，0.844，0.115，0.229）	0
聚集 C^{15}	1	V^{33}	（0.026，0.864，0.242，0.844，0.225，0.38）	0
聚集 C^{16}	1	V^{40}	（0.335，0.269，0.624，0.844，0.631，0.164）	0
聚集 C^{17}	1	V^{47}	（0.459，0.482，0.365，0.844，0.487，0.432）	0

（2）取阈值 $\gamma = 0.8$，则聚集数 $K = 8$，群体偏好矢量为 $E =$ （0.401，0.434，0.446，0.49，0.399），群体一致性指标为 $\rho = 0.805$，如表3-2所示。

表3-2　群体聚集结构（$\gamma = 0.8$）

聚集 C^k	成员数 n_k	成员 V^i	聚集偏好矢量 E^k	聚集一致性指标 ρ^k
聚集 C^1	21	V^1, V^2, V^3, V^4, V^5, V^9, V^{12}, V^{14}, V^{15}, V^{16}, V^{17}, V^{19}, V^{20}, V^{21}, V^{29}, V^{31}, V^{34}, V^{36}, V^{38}, V^{43}, V^{50}	(0.477, 0.483, 0.442, 0.471, 0.35)	0.807
聚集 C^2	7	V^6, V^{10}, V^{11}, V^{24}, V^{37}, V^{44}, V^{47}	(0.474, 0.349, 0.514, 0.473, 0.407)	0.764
聚集 C^3	4	V^7, V^{13}, V^{22}, V^{28}	(0.39, 0.709, 0.129, 0.412, 0.399)	0.891
聚集 C^4	10	V^8, V^{18}, V^{23}, V^{26}, V^{32}, V^{33}, V^{35}, V^{41}, V^{45}, V^{48}	(0.263, 0.375, 0.522, 0.557, 0.456)	0.836
聚集 C^5	2	V^{25}, V^{27}	(0.485, 0.058, 0.356, 0.482, 0.634)	0.898
聚集 C^6	3	V^{30}, V^{40}, V^{46}	(0.374, 0.431, 0.628, 0.448, 0.282)	0.832
聚集 C^7	2	V^{39}, V^{42}	(0.048, 0.423, 0.522, 0.468, 0.573)	0.879
聚集 C^8	1	V^{49}	(0.322, 0.281, 0.04, 0.844, 0.844, 0.322)	0

（3）取阈值 $\gamma = 0.7$，则聚集数 $K = 5$，群体偏好矢量为 $E =$ （0.41，0.445，0.456，0.493，0.404），群体一致性指标为 $\rho = 0.761$，如表3-3所示。

表3-3　群体聚集结构（$\gamma = 0.7$）

聚集 C^k	成员数 n_k	成员 V^i	聚集偏好矢量 E^k	聚集一致性指标 ρ^k
聚集 C^1	27	V^1, V^2, V^3, V^4, V^5, V^9, V^{10}, V^{12}, V^{14}, V^{15}, V^{16}, V^{17}, V^{18}, V^{19}, V^{20}, V^{21}, V^{25}, V^{26}, V^{31}, V^{36}, V^{37}, V^{38}, V^{40}, V^{43}, V^{45}, V^{46}, V^{50}	(0.446, 0.456, 0.47, 0.487, 0.367)	0.799

续表

聚集 C^k	成员数 n_k	成员 V^i	聚集偏好矢量 E^k	聚集一致性指标 ρ^k
聚集 C^2	14	V^6, V^8, V^{11}, V^{13}, V^{22}, V^{23}, V^{24}, V^{30}, V^{32}, V^{35}, V^{41}, V^{44}, V^{47}, V^{49}	(0.411, 0.381, 0.474, 0.524, 0.431)	0.736
聚集 C^3	6	V^7, V^{28}, V^{29}, V^{33}, V^{34}, V^{48}	(0.355, 0.615, 0.344, 0.444, 0.424)	0.73
聚集 C^4	1	V^{27}	(0.51, 0.035, 0.342, 0.534, 0.58)	0
聚集 C^5	2	V^{39}, V^{42}	(0.048, 0.423, 0.522, 0.468, 0.573)	0.879

（4）取阈值 $\gamma = 0.65$，则聚集数 $K = 4$，群体偏好矢量为 $E =$ （0.411，0.443，0.458，0.496，0.41），群体一致性指标为 $\rho = 0.737$，如表3-4所示。

表3-4 群体聚集结构（$\gamma = 0.65$）

聚集 C^k	成员数 n_k	成员 V^i	聚集偏好矢量 E^k	聚集一致性指标 ρ^k
聚集 C^1	32	V^1, V^2, V^3, V^4, V^5, V^6, V^8, V^9, V^{11}, V^{14}, V^{15}, V^{16}, V^{17}, V^{18}, V^{19}, V^{20}, V^{21}, V^{22}, V^{26}, V^{30}, V^{31}, V^{35}, V^{36}, V^{37}, V^{38}, V^{40}, V^{43}, V^{45}, V^{46}, V^{47}, V^{49}, V^{50}	(0.43, 0.452, 0.456, 0.509, 0.38)	0.776
聚集 C^2	13	V^7, V^{13}, V^{23}, V^{24}, V^{25}, V^{28}, V^{29}, V^{32}, V^{33}, V^{34}, V^{41}, V^{42}, V^{48}	(0.369, 0.492, 0.432, 0.483, 0.45)	0.711
聚集 C^3	4	V^{10}, V^{12}, V^{27}, V^{44}	(0.481, 0.234, 0.527, 0.454, 0.481)	0.697
聚集 C^4	1	V^{39}	(0.075, 0.384, 0.61, 0.428, 0.541)	0

（5）取阈值 $\gamma = 0.5$，则聚集数 $K = 2$，群体偏好矢量为 $E = ($ 0.41, 0.443, 0.461, 0.497, 0.412$)$，群体一致性指标为 $\rho = 0.756$，如表 3-5 所示。

表 3-5　群体聚集结构（$\gamma = 0.5$）

聚集 C^k	成员数 n_k	成员 V^i	聚集偏好矢量 E^k	聚集一致性指标 ρ^k
聚集 C^1	45	V^1, V^2, V^3, V^4, V^5, V^6, V^8, V^9, V^{10}, V^{11}, V^{12}, V^{13}, V^{14}, V^{15}, V^{16}, V^{17}, V^{18}, V^{19}, V^{20}, V^{21}, V^{22}, V^{23}, V^{25}, V^{26}, V^{27}, V^{28}, V^{29}, V^{30}, V^{31}, V^{32}, V^{33}, V^{34}, V^{35}, V^{36}, V^{38}, V^{39}, V^{40}, V^{41}, V^{42}, V^{45}, V^{46}, V^{47}, V^{48}, V^{49}, V^{50}	（0.4, 0.441, 0.467, 0.489, 0.434）	0.754
聚集 C^2	5	V^7, V^{24}, V^{37}, V^{43}, V^{44}	（0.502, 0.462, 0.407, 0.569, 0.213）	0.874

（6）取阈值 $\gamma = 0.3$，则聚集数 $K = 1$，群体偏好矢量为 $E = ($ 0.412, 0.445, 0.462, 0.499, 0.413$)$，群体一致性指标为 $\rho = 1$，如表 3-6 所示。

表 3-6　群体聚集结构（$\gamma = 0.3$）

聚集 C^k	成员数 n_k	成员 V^i	聚集偏好矢量 E^k	聚集一致性指标 ρ^k
聚集 C^1	49	V^1, V^2, V^3, V^4, V^5, V^6, V^7, V^8, V^9, V^{10}, V^{11}, V^{12}, V^{13}, V^{14}, V^{15}, V^{16}, V^{17}, V^{18}, V^{19}, V^{20}, V^{21}, V^{22}, V^{23}, V^{24}, V^{25}, V^{26}, V^{27}, V^{28}, V^{29}, V^{30}, V^{31}, V^{32}, V^{34}, V^{35}, V^{36}, V^{37}, V^{38}, V^{39}, V^{40}, V^{41}, V^{42}, V^{43}, V^{44}, V^{45}, V^{46}, V^{47}, V^{48}, V^{49}, V^{50}	（0.412, 0.445, 0.462, 0.499, 0.413）	0.743

群体偏好矢量 E 和群体一致性指标 ρ 可作为群体决策的依据, E 和 ρ 与阈值 γ 的选取有关。

取 5 个属性的权重矢量 W, 对不同的 ρ, 依据式 (3-3) 可分别计算出相应的群体决策集结值 O。

3.2 多方案排序决策问题群体偏好集结模型

有时决策问题往往存在多个决策方案 (本书设为 P 个决策方案), 因此就需要决策群体对多个决策方案进行偏好集结和排序。首先将每个决策方案看成是求解决策问题, 利用前一章的模型和方法获得一个群体偏好矢量, 所有决策方案的群体偏好矢量可合成群体偏好矩阵, 采用更加精确的熵权法获得决策问题各个属性的权重矢量, 将该权重矢量和群体偏好矩阵进行合成可获得各个决策方案的综合决策值矢量, 由此得出各方案的综合排序结果, 即基于多方案的复杂大群体决策结果。

3.2.1 群体偏好矩阵形成

1. 聚集偏好矢量

由于群体 Ω 由 K 个聚集构成, 因此群体的偏好可由各个聚集的偏好 (代表整个聚集对决策问题的第 l 个决策方案的偏好) 组成。针对第 l 个决策方案, 对于第 k 个聚集 C^{lk}, 定义其偏好为

$$G^{lk} = \sum_{V^{li} \in C^{lk}} V^{li} \tag{3-4}$$

对 G^{lk} 进行标准化, 得单位矢量, 并记为 $\hat{G}^{lk}$, 即有下式

$$\hat{G}^{lk} = \sum_{V^{li} \in C^{lk}} V^{li} \Big/ \Big\| \sum_{V^{li} \in C^{lk}} V^{li} \Big\|_2 \tag{3-5}$$

并且使得 $(\hat{G}^{lk})^{\mathrm{T}} \cdot \hat{G}^{lk} = 1$。

2. 群体偏好矢量

针对第 l 个决策方案，对群体 Ω 中所有聚集的偏好 $\hat{G}^{lk}$ 进行加权求和，获得群体 Ω 的偏好 E^l（代表整个群体对决策问题的第 l 个决策方案的偏好）

$$E^l = \sum_{k=1}^{K} \frac{n_k^l}{M} \hat{G}^{lk} \tag{3-6}$$

对 E^l 进行标准化，得单位偏好矢量 $\hat{E}^l$ 就是整个群体的针对第 l 个决策方案的偏好矢量，即 $\hat{E}^l = E^l / \|E^l\|_2$，并且使得 $\hat{E}^l \cdot (\hat{E}^l)^{\mathrm{T}} = 1$。为了方便起见，将 $\hat{E}^l$ 仍然记为 E^l（其中 $l = 1, 2, \cdots, P$）。

3. 群体偏好矩阵

将上面 l 个群体偏好矢量进行组合，这样就可以获得群体偏好矩阵

$$E = (e_{lj})_{P \times N} = \begin{bmatrix} e_{11} & e_{12} & \cdots & e_{1N} \\ e_{21} & e_{22} & \cdots & e_{2N} \\ \vdots & \vdots & & \vdots \\ e_{P1} & e_{P2} & \cdots & e_{PN} \end{bmatrix} = \begin{bmatrix} E^1 \\ E^2 \\ \vdots \\ E^P \end{bmatrix} \tag{3-7}$$

3.2.2 基于熵权的决策属性权重模型

熵权法广泛应用于决策过程中，按照熵的思想，人们在决策中获得信息的多少和质量，是决策的精度和可靠性大小的决定因素之一。熵可以用来度量获取的数据所提供的有用信息量。

对于 P 个备选方案和 N 个决策属性的群体偏好矩阵 $E = (e_{lj})_{P \times N}$，定义其熵为

$$H_j = -\frac{1}{\ln P} \sum_{l=1}^{P} \left(\frac{e_{lj}}{\sum\limits_{l=1}^{P} e_{lj}} \ln \frac{e_{lj}}{\sum\limits_{l=1}^{P} e_{lj}} \right), \text{ 其中, } \sum_{l=1}^{P} e_{lj} \neq 0; \quad j = 1, \cdots, N \tag{3-8}$$

式中，当 $\dfrac{e_{lj}}{\sum\limits_{l=1}^{P} e_{lj}} = 0$ 时，　$\dfrac{e_{lj}}{\sum\limits_{l=1}^{P} e_{lj}} \ln \dfrac{e_{lj}}{\sum\limits_{l=1}^{P} e_{lj}} = 0$。

根据熵的含义，属性 j 的熵越大，说明各决策方案在该属性上取值与该属性最优值间的差异越相近，则可将熵权值定义为

$$h_j = \frac{1 - H_j}{N - \sum\limits_{j=1}^{N} H_j}, \quad j = 1, \cdots, N \tag{3-9}$$

得到基于群体偏好矩阵的决策属性熵权为

$$W = [h_1, h_2, \cdots, h_N] \tag{3-10}$$

式中，$\sum\limits_{j=1}^{N} h_j = 1$。

3.2.3　群体偏好集结与决策方案排序

由此可得 P 个决策方案的综合决策值矢量为

$$O = W \cdot E^{\mathrm{T}} = (O_1, O_2, \cdots, O_P) \tag{3-11}$$

根据 O 中分量的数据大小，可确定所有决策方案的复杂大群体综合排序最后结果，从中选择最优决策方案，即为复杂大群体决策结果。

3.2.4　多方案排序决策问题群决策偏好集结算例

决策问题有四个属性，分别记为属性 1、属性 2、属性 3、属性 4，存在三个决策方案，分别记为方案 1、方案 2、方案 3，现有 20 个成员构成群体 Ω。

（1）20 个成员就四个属性对方案 1 进行决策，可得 $20 \times 4 = 80$ 个决策数据，为了消除不同属性（准则）的不同量纲的影响，需要对这些数据进行非量纲化处理。借助模糊数学的隶属度函数概念根据数值计算越小越好的特性进行如下标准化处理：

$$x'_{ij} = \frac{\max\limits_{i} x_{ij} - x_{ij}}{\max\limits_{i} x_{ij} - \min\limits_{i} x_{ij}}, \quad i = 1, 2, \cdots, 20; \quad j = 1, 2, 3, 4$$

式中，$\max\limits_{i}x_{ij}$ 和 $\min\limits_{i}x_{ij}$ 为第 j 个属性中的最大值和最小值。则得到如下标准化决策偏好数据矩阵，如表3-7所示。

表3-7 方案1标准化决策偏好数据表

序号	属性1	属性2	属性3	属性4	序号	属性1	属性2	属性3	属性4
V_1^1	0.42	0.68	0.35	0.01	V_{11}^1	0.04	0.12	0.23	0.34
V_2^1	0.7	0.25	0.79	0.59	V_{12}^1	0.74	0.65	0.42	0.12
V_3^1	0.63	0.65	0.06	0.46	V_{13}^1	0.54	0.69	0.48	0.45
V_4^1	0.82	0.28	0.62	0.92	V_{14}^1	0.63	0.58	0.38	0.6
V_5^1	0.96	0.43	0.28	0.37	V_{15}^1	0.24	0.42	0.3	0.79
V_6^1	0.92	0.05	0.03	0.54	V_{16}^1	0.17	0.36	0.91	0.43
V_7^1	0.93	0.83	0.22	0.17	V_{17}^1	0.89	0.07	0.41	0.43
V_8^1	0.19	0.96	0.48	0.27	V_{18}^1	0.65	0.49	0.47	0.06
V_9^1	0.72	0.39	0.7	0.13	V_{19}^1	0.91	0.3	0.71	0.51
V_{10}^1	0.68	1.0	0.36	0.95	V_{20}^1	0.07	0.02	0.94	0.49

取阈值 $\gamma=0.8$，$p=q=2$（下同），利用式（3-6）得方案1的群体偏好矢量为：$E^1=$（0.606，0.461，0.468，0.429）。

（2）20个成员对方案2进行评价，对所得的80个数据进行上述标准化处理，得如下决策偏好数据矩阵，如表3-8所示。

表3-8 方案2标准化决策偏好数据表

序号	属性1	属性2	属性3	属性4	序号	属性1	属性2	属性3	属性4
V_1^2	0.3	0.24	0.85	0.55	V_{11}^2	0.87	0.91	0.62	0.37
V_2^2	0.57	0.41	0.67	0.77	V_{12}^2	0.56	0.68	0.56	0.75
V_3^2	0.32	0.09	0.45	0.4	V_{13}^2	0.32	0.53	0.51	0.51
V_4^2	0.27	0.24	0.38	0.39	V_{14}^2	0.42	0.25	0.67	0.31
V_5^2	0.19	0.83	0.3	0.42	V_{15}^2	0.08	0.92	0.08	0.38
V_6^2	0.34	0.16	0.4	0.59	V_{16}^2	0.58	0.88	0.54	0.84
V_7^2	0.05	0.31	0.78	0.07	V_{17}^2	0.46	0.1	0.1	0.59
V_8^2	0.74	0.87	0.22	0.46	V_{18}^2	0.22	0.89	0.23	0.47
V_9^2	0.25	0.73	0.71	0.3	V_{19}^2	0.07	0.31	0.14	0.69
V_{10}^2	0.78	0.74	0.98	0.13	V_{20}^2	0.01	0.92	0.63	0.56

利用式（3-6）得方案 2 的群体偏好矢量为：$E^2 = (\,0.382,\,0.569,\,0.509,\,0.494\,)$。

（3）类似地，20 个成员对方案 3 进行评价，同样对所得的 80 个数据进行上述标准化处理，得如下决策偏好数据矩阵，如表 3-9 所示。

表 3-9　方案 3 标准化决策偏好数据表

序号	属性 1	属性 2	属性 3	属性 4	序号	属性 1	属性 2	属性 3	属性 4
V_1^3	0.11	0.6	0.25	0.38	V_{11}^3	0.1	0.17	0.36	0.52
V_2^3	0.49	0.84	0.96	0.42	V_{12}^3	0.01	0.5	0.2	0.57
V_3^3	0.03	0.51	0.92	0.37	V_{13}^3	0.99	0.04	0.25	0.09
V_4^3	0.75	0.21	0.97	0.22	V_{14}^3	0.45	0.1	0.9	0.03
V_5^3	0.49	1.0	0.69	0.85	V_{15}^3	0.96	0.86	0.94	0.44
V_6^3	0.82	0.35	0.54	1.0	V_{16}^3	0.24	0.88	0.15	0.04
V_7^3	0.19	0.39	0.01	0.89	V_{17}^3	0.49	0.01	0.59	0.19
V_8^3	0.28	0.68	0.29	0.94	V_{18}^3	0.81	0.97	0.99	0.82
V_9^3	0.49	0.84	0.08	0.22	$V^{3\,19}$	0.9	0.99	0.1	0.58
V_{10}^3	0.11	0.18	0.14	0.15	V_{20}^3	0.73	0.23	0.39	0.93

同样利用式（3-6）得方案 3 的群体偏好矢量为：$E^3 = (\,0.475,\,0.488,\,0.461,\,0.443\,)$。

于是得群体偏好矩阵

$$E = (e_{lj})_{3\times4} = \begin{bmatrix} E^1 \\ E^2 \\ E^3 \end{bmatrix} = \begin{bmatrix} 0.606 & 0.461 & 0.468 & 0.429 \\ 0.382 & 0.569 & 0.509 & 0.494 \\ 0.475 & 0.488 & 0.461 & 0.433 \end{bmatrix}$$

将 E 代入式（3-8）、式（3-9）、式（3-10）中，可计算得 4 个属性的熵权为：$W = (\,-0.004,\,0.189,\,0.343,\,0.471\,)$。

将 W 和 E 代入式（3-11）中，可得 20 个成员针对 3 个决策方案的综合决策值排序矢量为

$$O = W \cdot E^{\mathrm{T}} = (\,-0.004,\,0.189,\,0.343,\,0.471\,) \cdot \begin{bmatrix} 0.606 & 0.382 & 0.475 \\ 0.461 & 0.569 & 0.488 \\ 0.468 & 0.509 & 0.461 \\ 0.429 & 0.494 & 0.433 \end{bmatrix}$$

$$= (0.4473, 0.5133, 0.4524)$$

由此可知，方案 2 是最优方案。该方法成功地解决了多属性多方案排序群决策问题，具备较好的可操作性，可应用于网络环境下各种项目等大群体的决策与评价中。

3.3　本 章 小 结

本章在前一章的群体成员偏好聚类形成聚集结构的基础上，针对求解决策问题，提出了复杂大群体偏好集结模型和方法；针对多方案排序决策问题，分别提出了群体偏好矩阵的形成方法、基于熵权的属性权重确定模型、群体偏好集结和决策方案排序模型，并进行了实例验证。

第4章 不确定型偏好信息复杂大群体
决策偏好集结模型

正如第 3 章的分析，针对决策问题的群体成员决策偏好信息分为确定型和不确定型两种，在第 3 章阐述的确定型偏好信息复杂大群体决策偏好集结模型的基础上，本章主要阐述不确定型偏好信息的复杂大群体决策偏好集结模型。针对决策问题的不确定型决策偏好信息主要有：效用值、残缺值、语言值和随机值等，不确定型偏好信息的出现给复杂大群体决策偏好的集结带来了新的困难。根据决策群体成员针对决策问题的不确定型偏好信息的不同形式，形成下列基于不同形式的不确定型偏好信息复杂大群体决策偏好集结模型和相应的方法。

4.1 基于效用值偏好信息的复杂大群体
决策偏好集结模型

决策成员给出的偏好信息有效用值（郭庆军和赛云秀，2007；陈华友和刘春林，2005）、序关系值（朱杰堂和史新生，1995）、互反判断矩阵（魏翠萍，1999；郭春香和郭耀煌，2005；吕跃进和郭欣荣，2007）、模糊互补判断矩阵（徐泽水，2002；2001）、区间数（朱建军，2006；姜艳萍和樊治平，2005；陈侠和樊治平，2007）以及语言评价矩阵（陈侠和樊治平，2007）等多种形式。其中效用值形式的偏好信息是最为常见的一种，它具有简单、实用且不需要一致性检验等优点，而偏好信息的序关系值、互反判断矩阵、模糊互补判断矩阵等都可以转换为效用值形式（陈华友和刘春林，2005）。目前关于效用值形式偏好信息的研究（陈侠和樊治平，2007）对其从偏好集结、聚类分析、方案排序直至决策结果评价等缺乏系统地研究。针对这些问题，本节针对多方案排序决策问题提出了基于效用值形式偏好信息的成员信息量度量方法、基于复杂大群体偏好聚类的决策成员权重确定方法、群体偏好集结及决策结果评价方法。

4.1.1　基于熵权模型的群体成员效用信息度量

群决策过程中，常常需要成员提供决策偏好信息，在现有的研究中（郭庆军，2007；陈华友和刘春林，2005；朱杰堂和史新生，1995；魏翠萍，1999；郭春香和郭耀煌，2005；吕跃进和郭欣荣，2007；徐泽水，2002；徐泽水，2001；朱建军，2006；姜艳萍和樊治平，2005；陈侠等，2007；陈侠和樊治平，2007；曾雪兰和古建华，2005；吴云燕和华中生，2003），大多是直接集结所有成员的偏好信息。但是，由于成员知识结构、判断水平和个人偏好等主观因素的影响，再加之决策问题本身的模糊性和复杂性，在实际群决策过程中，有的成员给出的各种形式的偏好信息也可能作用不大。特别是在复杂大群体中，成员的数量很多，直接集结所有成员的偏好信息不仅没有必要，而且会增加处理量。因此，在集结偏好信息前，有必要去除提供较少有用信息的成员，在不影响决策结果的基础上减少处理量。

设决策问题的所有决策方案构成方案集 $X = \{x_1, x_2, \cdots, x_P\}$，其中 x_l 为第 l 个决策方案。设决策群体为 $\Omega = \{e_1, e_2, \cdots, e_M\}$，其中 e_i 为第 i 个成员；群体 Ω 中的第 i 个成员关于第 l 个决策方案的决策效用值为 v_{il}，并且 $v_{il} \geq 0$，$i = 1, 2, \cdots, M$；$l = 1, 2, \cdots, P$。则 M 个成员关于 P 个决策方案给出实数形式的效用值偏好向量构成效用偏好矩阵为

$$V = \begin{bmatrix} v_{11} & v_{12} & \cdots & v_{1P} \\ v_{21} & v_{22} & \cdots & v_{2P} \\ \vdots & \vdots & & \vdots \\ v_{M1} & v_{M2} & \cdots & v_{MP} \end{bmatrix} = (V^1, V^2, \cdots, V^P) \tag{4-1}$$

式中，$(v_{i1}, v_{i2}, \cdots, v_{iP})$ 为成员 e_i 给出的效用值形式的偏好向量。利用熵权模

型度量和评价群体成员提供的偏好信息，并决定是否将其去除。过程如下：

（1）对 V 按行进行归一化得 $R = \{r_{il}\}$，式中

$$r_{il} = v_{il} / \sum_{l=1}^{P} v_{il}, \quad i = 1, 2, \cdots, M \tag{4-2}$$

（2）计算成员 e_i 的决策熵值 E_i。

熵（entropy）的概念源于热力学，广泛应用于决策过程中，Boltzmann 从分子运动论的角度提出了熵公式 $S = k \ln W$，式中，k 为玻耳兹曼常量；W 为系统可及微观状态总数，该数目越多，熵值就越大，即熵是系统内部分子热运动的混乱度的量度，表示系统宏观状态的熵与该宏观状态对应的微观态数 W 的关系。后来 Shannon 将其引入信息论（Shannon and Haken，1985），赋予熵广义的概念，按照统计平均的意义，上式还有另一种表示方法，设隔离系统可及微观状态为 1，2，3，$\cdots$，W。按 Boltzmann 等概率假设这 W 个可及微观状态出现的概率 P_i 都相等，即 $P_i = 1/W(i = 1, 2, \cdots, W)$，因此熵就有了另一种表达形式：$S = -k \sum_{i=1}^{W} P_i \ln P_i$。根据熵的思想，人们在决策中获得信息的多少和质量，是决策的精度和可靠性大小的决定因素之一。熵可以用来度量获取的数据所提供的有用信息量，本节采用后一种信息熵，根据以上分析，将决策方案数 P 代替 W，将 r_{il} 代替 P_i，$(\ln P)^{-1}$ 代替 k，则有

$$E_i = -\frac{1}{\ln P} \sum_{l=1}^{P} (r_{il} \cdot \ln r_{il}), \quad \text{且规定 } r_{il} = 0 \text{ 时，} r_{il} \cdot \ln r_{il} = 0 \tag{4-3}$$

（3）计算成员 e_i 的熵权

$$\theta_i = \frac{1 - E_i}{M - \sum_{t=1}^{M} E_t}, \quad \text{且 } 0 \leqslant \theta_i \leqslant 1 \text{ 和 } \sum_{i=1}^{M} \theta_i = 1 \tag{4-4}$$

（4）引入熵权阈值 λ，并且 $0 \leqslant \lambda \leqslant 1$，用来判断是否从群体 Ω 中去某除成员。

这里 $0 \leqslant \lambda < \dfrac{1}{M}$，一般可取 $\lambda = \dfrac{0.1}{M}$，式中，$\dfrac{1}{M}$ 为 M 个成员熵权的平均值，当某个成员的熵权小于该平均值的 $\dfrac{1}{10}$ 时，可认为该成员的熵权明显小于其

他成员的熵权，该成员提供的有用信息较少，可以考虑去除。若 $\theta_i \leqslant \lambda$ ，则可从 Ω 中去除成员 e_i 的效用向量，相当于从群体 Ω 中去除成员 e_i 。

当各决策方案在成员 e_i 上的值完全相同时，熵值达到最大值1，熵权为零，这也意味着该成员未提供任何有用的信息，该成员可以考虑被去除；当各方案在成员 e_i 上的值相差较大时，熵值较小，熵权较大，说明该成员提供了有用的信息，同时还告诉我们该成员对各决策方案的决策偏好有明显的差异，应重点考察。成员的熵值越大，其熵权越小，该成员越不重要。为叙述方便，去除某些成员之后群体中的成员个数仍记为 M 。

熵权阈值 λ 的大小为群体成员提供有用信息的最低限度，会影响到某个成员是否会被去除。如果某成员提供的有用信息小于这个最低限度，则会被去除，该成员被去除后将不会影响到决策结果。

4.1.2 基于偏好聚类的群体成员权重确定方法

基于聚类方法确定成员权重的方法具有很多优点（曾雪兰和吉建华，2005；吴云燕等，2003），可推广到大群体决策。虽然可以利用经典决策中成员打分法来解决决策成员的权重问题，但不同成员的偏好和价值取向的差异又带来了主观性的问题。我们利用第2章的复杂大群体偏好聚类方法对决策成员偏好进行聚类分析，根据聚类结果确定决策成员权重。

1. 群体成员偏好聚类

对于上述效用向量构成的效用矩阵 $V = (V^1, V^2, \cdots, V^P)$ ，两个效用向量 V^{i_1} 和 V^{i_2} 之间的相聚度 $r_{i_1 i_2}(V^{i_1}, V^{i_2})$ 定义为： $r_{i_1 i_2}(V^{i_1}, V^{i_2}) = \dfrac{(\,|V^{i_1} - \bar{V}^{i_1}|\,) \cdot (\,|V^{i_2} - \bar{V}^{i_2}|\,)^{\mathrm{T}}}{\|V^{i_1} - \bar{V}^{i_1}\|_2 \cdot \|V^{i_2} - \bar{V}^{i_2}\|_2}$ ，同样有 $0 \leqslant r_{i_1 i_2}(V^{i_1}, V^{i_2}) \leqslant 1$ 。

对于上述给定的熵权阈值 λ ，基于相聚模型 $r_{i_1 i_2}(V^{i_1}, V^{i_2})$ 对群体成员效用向量集 $\Omega = \{V^i (i = 1, 2, \cdots, M)\}$ 进行聚类，可将 Ω 中的所有效用向量聚类成 K 个聚集，形成 Ω 的聚集结构，第 k 个聚集记为 C^k 。设 n_k 是第 k 个聚集的

效用向量（也就是群体成员）数，那么 $\sum\limits_{k=1}^{K} n_k = M$ ，其中，K 为正整数且 $1 \leqslant K \leqslant M$。

2. 成员权重确定

进行群体成员偏好聚类之后，就可以根据聚类结果确定决策成员的权重。通过以上聚类，将 M 个决策成员聚类成 K 个（$K \leqslant M$）聚集，由于聚类标准是两个效用向量之间的相聚程度，因此处于同一聚集的成员给出的效用偏好比较接近，可认为属于同一聚集的成员具有相同的权重；否则就具有不同的权重。包含成员较多的聚集，其成员表达的决策信息代表了大多数成员的意见。根据多数原则，聚集容量较大的聚集其成员应赋予较大的权重；反之，聚集容量较小的聚集其成员应赋予较小的权重。

由于聚集 $C^k (1 \leqslant k \leqslant K)$ 中包含 n_k 个成员（或效用向量），则聚集 C^k 中 n_k 个成员的权重 w_{n_k} 均相等。根据多数原则，w_{n_k} 与 n_k 成正比，即 $w_{n_k} = \alpha \cdot n_k$ ，其中，α 为比例系数。又因 M 个成员的权重之和为 1，即 $\sum\limits_{k=1}^{K} n_k \cdot w_{n_k} = \sum\limits_{k=1}^{K} n_k \cdot \alpha \cdot n_k = 1$ ，可得 $\alpha = \dfrac{1}{\sum\limits_{k=1}^{K} n_k^2}$ ，此时可得：$w_{n_k} = \alpha \cdot n_k = \dfrac{n_k}{\sum\limits_{k=1}^{K} n_k^2}$ 。因此，如果成员 $e_i (i = 1, 2, \cdots, M)$ 属于聚集 C^k ，则成员 e_i 的权重 w_i 可由式（4-5）确定

$$w_i = w_{n_k} = n_k \Big/ \sum\limits_{k=1}^{K} n_k^2, \quad i = 1, 2, \cdots, M \tag{4-5}$$

由式（4-5）即可得所有决策成员的权重。

4.1.3　决策方案排序

有了成员的权重就可以利用下式（4-6），将 M 个成员关于 P 个决策方案的效用值偏好集结为整个群体 Ω 关于这 P 个决策方案的偏好向量：

$$O = (O_1, \ O_2, \ \cdots, \ O_P) = W \cdot V = (w_1, \ w_2, \ \cdots, \ w_M) \cdot \begin{bmatrix} v_{11} & v_{12} & \cdots & v_{1P} \\ v_{21} & v_{22} & \cdots & v_{2P} \\ \vdots & \vdots & & \vdots \\ v_{M1} & v_{M2} & \cdots & v_{MP} \end{bmatrix}$$

$$(4\text{-}6)$$

式中，O 即为 P 个方案的排序向量，也是群体最终决策结果。

4.1.4 群决策效果评价模型

群决策效果是检验群体决策方法是否得当、群决策过程是否正确的重要指标，当群体成员很多时，这一问题显得尤为重要。在群决策过程中，各成员根据自身的工作背景、知识、经验等特点分别给出自己的效用偏好向量。合理的决策结果应该尽可能反映大多数群体成员的意见，也就是说，各成员给出的效用偏好与群体最终的决策结果之间的距离越小越好。目前采用置信度准则的属性测度理论从决策效率和决策质量两方面对群决策效果进行评价（周晓光和张强，2007）。本节采用欧氏距离法度量这一差距，并利用意见反映度指标 DOR 来度量决策结果反映群体成员偏好的程度，同时将其与事先确定的反映度阈值 $\delta(0 \leqslant \delta \leqslant 1)$ 相比较，若 DOR 大于阈值 δ，则认可决策结果，不需要重新决策；反之，则根据成员意见差异度指标修改相关成员的效用偏好向量，重新进行决策。其中，反映度阈值 δ 用来认可决策结果的可行性，其值可事先由人工根据决策实际情况确定（如 $\delta = 0.8$），δ 值不宜过大也不宜过小，一般介于 $0.5 \sim 0.9$ 为宜。

1. 决策成员意见反映度指标

设 M 个成员给出关于 P 个方案的效用值形式的偏好信息构成矩阵 $V = (v_{il})_{M \times P}$，归一化之后得 $R = (r_{il})_{M \times P}$。归一化后的群体最终决策结果，即决策方案排序结果为 $U = \{u_l\}$。

定义 4.1 成员 e_i 与群体决策结果 $U = \{u_l\}$ 之间的欧氏距离定义为

$$d_i = \sum_{l=1}^{P} \sqrt{(r_{il} - u_l)^2} \qquad (4-7)$$

式中，d_i 为成员 e_i 给出的效用偏好向量与群体决策结果（群体偏好向量）的距离，其值越小表示成员 e_i 的效用偏好向量与群体决策结果越接近；反之，则越疏远。

定义 4.2 群体成员意见反映度指标定义为

$$DOR = 1 - \frac{1}{M} \sum_{i=1}^{M} d_i \qquad (4-8)$$

定理 4.1 群体成员意见反映度指标 DOR 具有以下性质：

（1）$-1 \leqslant DOR \leqslant 1$，且 DOR 越大，群体决策结果反映群体成员偏好的程度越高；

（2）当 $DOR = -1$ 时，表示群体成员的偏好与群体决策结果完全不一致，群体决策结果反映群体成员偏好的程度最低；

（3）当 $DOR = 1$ 时，表示群体成员的偏好与群体决策结果完全一致，群体成员的偏好得到完全反映。

证明 由定义可知 $\sum_{l=1}^{P} r_{il} = 1, 0 \leqslant r_{il} \leqslant 1$；$\sum_{l=1}^{P} u_l = 1, 0 \leqslant u_l \leqslant 1$；$d_i \geqslant 0$。

由于 $|r_{il} - u_l| \leqslant |r_{il}| + |u_l| = r_{il} + u_l$，当且仅当 r_{il} 与 u_l 至少有一个为零时等号成立。

所以 $d_i = \sum_{l=1}^{P} \sqrt{(r_{il} - u_l)^2} = \sum_{l=1}^{P} |r_{il} - u_l| = |r_{i1} - u_1| + |r_{i2} - u_2| + \cdots + |r_{iP} - u_P|$

$\leqslant r_{i1} + u_1 + r_{i2} + u_2 + \cdots + r_{iP} + u_P = (r_{i1} + r_{i2} + \cdots + r_{iP}) + (u_1 + u_2 + \cdots + u_P)$

$= 1 + 1 = 2$

即 $\sum_{i=1}^{M} d_i \leqslant 2 + 2 + \cdots + 2 = 2M$，亦即 $0 \leqslant \frac{1}{M} \sum_{i=1}^{M} d_i \leqslant 2$。

所以有

$$-1 \leqslant DOR = 1 - \frac{1}{M}\sum_{j=1}^{M} d_i \leqslant 1$$

2. 成员意见差异度指标

定义 4.3　成员 e_i 与成员 e_j 之间的距离定义为

$$d_{ij} = \sum_{l=1}^{P} \sqrt{(r_{il} - r_{jl})^2}, \quad l = 1, 2, \cdots, P \tag{4-9}$$

式中，d_{ij} 为成员 e_i 给出的效用向量与成员 e_j 给出的效用向量之间的距离，其值越小表示成员 e_i 与成员 e_j 之间的意见越接近；反之，则越疏远。

定义 4.4　成员 e_i 的意见差异度指标定义为

$$DOD_i = \frac{1}{M-1}\sum_{j \neq i}^{M} d_{ij} \tag{4-10}$$

定理 4.2　意见差异度指标 DOD_i 具有以下性质：

（1）$0 \leqslant DOD_i \leqslant 2$，且 DOD_i 越小，成员 e_i 与其他成员的偏好一致性程度越高；

（2）当 $DOD_i = 0$ 时，表示成员 e_i 与其他成员的偏好完全不一致；

（3）当 $DOD_i = 2$ 时，表示成员 e_i 与其他成员的偏好完全一致。

证明过程同定理 4.1。

3. 群决策效果评价步骤

根据上述描述，总结出群决策效果评价方法的计算步骤如下：

步骤 1　将成员效用矩阵 V 归一化为 R，其中 $r_{il} = v_{il} / \sum_{l=1}^{P} v_{il}$；

步骤 2　将群体决策结果归一化为 u_l；

步骤 3　由式（4-7）计算各成员效用向量与群体决策结果之间的距离 d_i；

步骤 4　由式（4-8）计算成员意见反映度指标 DOR。

步骤 5　将计算所得的 DOR 与事先确定的阈值 δ 相比较，若 $DOR \geqslant \delta$，则认可决策结果，决策结束；若 $DOR < \delta$，则认为决策结果不理想，转入步骤 6。

步骤 6　根据式（4-10）计算各成员的意见差异度 DOD_i，找出其中最大者，修改相关成员 e_i 的效用向量，重新计算决策结果，重复以上步骤。

4.1.5　应用实例

某风险投资公司要进行一项投资，有 4 个备选决策方案，即投资计算机生产公司、投资酒店、投资服装设计公司以及投资生物制药公司，分别记为 x_1、x_2、x_3、x_4。聘请 25 位专家成员分别给出 4 个决策方案的效用值形式的偏好信息。效用值数据的获得有两种途径：一是直接获得，在一定标准下由成员判断打分或由成员历史经验数据统计获得；二是间接获得，成员给出的偏好信息有多种形式，如序关系值、互反判断矩阵、模糊互补判断矩阵等，通过一定的手段可以转化为效用值（陈华友，2005）形式，如表 4-1 所示。

表 4-1　群体成员效用值向量表（V）

成员	方案 x_1	方案 x_2	方案 x_3	方案 x_4	成员	方案 x_1	方案 x_2	方案 x_3	方案 x_4
e_1	0.4	0.6	0.5	0.2	e_{14}	0.4	0.5	0.5	0.7
e_2	0.3	0.3	0.4	0.6	e_{15}	0.6	0.5	0.5	0.5
e_3	0.5	0.6	0.7	0.4	e_{16}	0.7	0.6	0.6	0.4
e_4	0.6	0.7	0.8	0.6	e_{17}	0.4	0.2	0.3	0.6
e_5	0.6	0.5	0.4	0.3	e_{18}	0.6	0.8	0.8	0.4
e_6	0.5	0.7	0.9	0.8	e_{19}	0.3	0.4	0.4	0.6
e_7	0.6	0.7	0.8	0.5	e_{20}	0.8	0.4	0.4	0.5
e_8	0.8	0.3	0.4	0.6	e_{21}	0.5	0.7	0.7	0.4
e_9	0.6	0.3	0.5	0.6	e_{22}	0.6	0.7	0.7	0.2
e_{10}	0.2	0.6	0.6	0.5	e_{23}	0.7	0.5	0.6	0.5
e_{11}	0.4	0.5	0.6	0.7	e_{24}	0.7	0.5	0.5	0.4
e_{12}	0.3	0.7	0.8	0.4	e_{25}	0.9	0.4	0.6	0.3
e_{13}	0.4	0.8	0.4	0.6					

利用式（4-4）计算可得各专家成员的熵权，如表 4-2 所示。

表4-2　群体成员熵权值表

成员	熵值 E_i	熵权 θ_i	成员	熵值 E_i	熵权 θ_i	成员	熵值 E_i	熵权 θ_i
e_1	0.9520	0.0674	e_{10}	0.9455	0.0765	e_{19}	0.9771	0.0321
e_2	0.9681	0.0447	e_{11}	0.9849	0.0212	e_{20}	0.9745	0.0357
e_3	0.9849	0.0212	e_{12}	0.9478	0.0734	e_{21}	0.9811	0.0266
e_4	0.9787	0.0299	e_{13}	0.9681	0.0447	e_{22}	0.9385	0.0863
e_5	0.9773	0.0318	e_{14}	0.9850	0.0211	e_{23}	0.9950	0.0071
e_6	0.9843	0.0220	e_{15}	0.9976	0.0033	e_{24}	0.9850	0.0211
e_7	0.9892	0.0151	e_{16}	0.9863	0.0192	e_{25}	0.9389	0.0857
e_8	0.9518	0.0677	e_{17}	0.9446	0.0778			
e_9	0.9764	0.0332	e_{18}	0.9750	0.0351			

此时熵权阈值 $\lambda = \dfrac{0.1}{25} = 0.004$。25 个成员的熵权中，$\theta_{15} = 0.0033 < \lambda = 0.004$，也就是说成员 e_{15} 提供的信息较少，可以从 V 中去除成员 e_{15} 的效用向量，再进行集结排序。

去除成员 e_{15} 的效用向量得到剩余的 24 个成员关于 4 个方案给出的效用值向量构成矩阵 V，如表4-3 所示。

表4-3　剩余群体成员效用值向量表（V）

成员	方案 x_1	方案 x_2	方案 x_3	方案 x_4	成员	方案 x_1	方案 x_2	方案 x_3	方案 x_4
e_1	0.4	0.6	0.5	0.2	e_{13}	0.4	0.8	0.4	0.6
e_2	0.3	0.3	0.4	0.6	e_{14}	0.4	0.5	0.5	0.7
e_3	0.5	0.6	0.7	0.4	e_{15}	0.7	0.6	0.6	0.4
e_4	0.6	0.7	0.8	0.4	e_{16}	0.4	0.2	0.3	0.6
e_5	0.6	0.5	0.4	0.3	e_{17}	0.6	0.8	0.8	0.4
e_6	0.5	0.7	0.9	0.8	e_{18}	0.3	0.4	0.4	0.6
e_7	0.6	0.7	0.4	0.5	e_{19}	0.8	0.7	0.4	0.5
e_8	0.8	0.3	0.4	0.6	e_{20}	0.5	0.7	0.7	0.4
e_9	0.6	0.3	0.5	0.6	e_{21}	0.6	0.7	0.7	0.2
e_{10}	0.2	0.6	0.4	0.6	e_{22}	0.7	0.6	0.6	0.5
e_{11}	0.4	0.5	0.6	0.7	e_{23}	0.7	0.5	0.5	0.4
e_{12}	0.3	0.7	0.8	0.4	e_{24}	0.9	0.4	0.6	0.3

此时 $M=24$，$P=4$，利用第 2 章中的偏好聚类方法，对上面 24 个效用值向量进行聚类，得聚集数 $K=4$，聚类结果图如表 4-4 所示。

表 4-4　成员效用值向量集聚类结果

聚集 C^k	成员数 n_k	成员 e^i	聚集偏好矢量	聚集一致性指标 ρ^k
聚集 C^1	13	e_1，e_2，e_5，e_7，e_{11}，e_{12}，e_{13}，e_{17}，e_{18}，e_{19}，e_{20}，e_{21}，e_{24}	(0.48，0.559，0.538，0.409)	0.821
聚集 C^2	5	e_3，e_4，e_{14}，e_{15}，e_{16}	(0.49，0.49，0.546，0.471)	0.826
聚集 C^3	4	e_6，e_8，e_9，e_{10}	(0.474，0.429，0.497，0.587)	0.798
聚集 C^4	2	e_{22}，e_{23}	(0.615，0.483，0.483，0.395)	0.973

由式（4-5）可得成员 e_1 的权重 w_1 为：$w_1 = n_1 / \sum_{k=1}^{4} n_k^2 = \frac{13}{214} = 0.061$。同理可得其他成员权重，如表 4-5 所示。

表 4-5　群体成员权重表 （W）

成员	权重 w_i	成员	权重 w_i	成员	权重 w_i	成员	权重 w_i	成员	权重 w_i
e_1	0.061	e_6	0.019	e_{11}	0.061	e_{16}	0.023	e_{21}	0.061
e_2	0.061	e_7	0.061	e_{12}	0.061	e_{17}	0.061	e_{22}	0.01
e_3	0.023	e_8	0.019	e_{13}	0.061	e_{18}	0.061	e_{23}	0.01
e_4	0.023	e_9	0.019	e_{14}	0.023	e_{19}	0.061	e_{24}	0.061
e_5	0.061	e_{10}	0.019	e_{15}	0.023	e_{20}	0.061		

利用式（4-6）得 4 个决策方案的排序向量 $O = (O_1，O_2，O_3，O_4) = W \cdot V = (w_1，w_2，w_3，w_4) \cdot V$，通过计算可得：$O_1 = 0.5224$，$O_2 = 0.5827$，$O_3 = 0.577$，$O_4 = 0.4636$。最优方案为 x_2，即应投资某酒店。

将成员效用向量矩阵 V、群体决策结果 U 归一化，由式（4-7）和式（4-8）得群体成员意见反映度指标：$DOR = 0.77 > 0.7 = \delta$，因此认可决策结果，决策过程结束。

复杂大群体决策中，群体成员偏好信息以效用值形式出现，针对这种情况，首先提出了判断群体成员提供信息量多寡程度的熵权方法，以去除提供较

少信息量的成员，并形成群体关于决策方案的效用矩阵。在此基础上利用偏好
聚类方法将群体成员进行聚类，根据聚类结果确定成员的权重，将该权重和效
用矩阵进行合成获得决策方案的排序向量。同时提出了成员意见反映度指标模
型来度量群决策结果反映成员意见的程度，并将其与事先确定的阈值相比较，
若该指标大于该阈值，则认可决策结果，无需重新进行决策；反之，则提出了
成员意见差异度指标，根据差异度指标值修改相关成员的效用向量，重新进行
决策，直至出现满意结果。

4.2　基于残缺值偏好信息的复杂大群体
决策偏好集结模型

在现有群决策中，大多是所有决策成员对所有决策方案都进行决策
（Haken，1985；Herrera et al.，2001；Smith，1974；Li and Chen，2004；Qian
and Zhou，2002；Scholten and van knippen berg，2007），中小决策群体更是如
此，但是在决策方案很多、决策成员也很多的情况下，让所有成员对所有决策
方案都进行决策可能是不现实甚至不合理的。因此可以将决策成员对部分决策
方案进行决策的问题看成是残缺值偏好下的复杂大群体决策问题。首先对残缺
值偏好进行填补，即将残缺值转化为区间数形式的偏好值，形成群体关于所有
决策方案的区间数偏好值，这样就转化为偏好值以区间数给出的复杂大群体决
策问题。本节针对多方案排序决策问题，利用现有的关于属性残缺矩阵（徐
泽水，2006；张尧和樊治平，2007；徐泽水，2003）和区间数属性值的决策方
法（吴江和黄登仕，2003；汪新凡，2008）以及复杂大群体偏好聚类方法，
提出了决策成员权重确定方法和相应的复杂大群体偏好集结模型。

4.2.1　残缺偏好矩阵描述

所有决策方案构成方案集记为 $X = \{x_1, x_2, \cdots, x_P\}$，其中 x_l 为第 l 个决
策方案。设决策群体为 $\Omega = \{e_1, e_2, \cdots, e_M\}$，其中 e_i 为第 i 个成员；群体 Ω

中的第 i 个成员关于第 l 个决策方案的决策值为 v_{il}，并且 $v_{il} \geq 0$，$i = 1$, 2, $\cdots$, M；$l = 1$, 2, $\cdots$, P。

如果成员数 M 和方案数 P 都很多，由于成员和方案的特点存在差异，让所有成员对所有方案进行决策有时可能不现实甚至没有必要。可能的情形是某些成员对某几个方案进行决策，而另外一些成员对另外几个方案进行决策。当第 i 个成员没有对第 l 个方案决策时，认为 v_{il} 为空，则 M 个成员对 P 个方案进行决策给出实数形式的偏好向量将构成残缺值偏好矩阵 V

$$V = \begin{bmatrix} v_{11} & v_{12} & \cdots & v_{1P} \\ v_{21} & v_{22} & \cdots & v_{2P} \\ \vdots & \vdots & & \vdots \\ v_{M1} & v_{M2} & \cdots & v_{MP} \end{bmatrix} = (V^1, V^2, \cdots, V^P) \tag{4-11}$$

式中，$(v_{i1}, v_{i2}, \cdots, v_{iP})$ 为成员 e_i 给出的残缺值偏好向量。下面将残缺值转化为区间数。

若 v_{il} 为空，则令 $v_{il} = \left[\min_i v_{il}, \max_i v_{il} \right] = \left[a_{il}^L, a_{il}^U \right]$；若 v_{il} 不为空，则令 $v_{il} = [v_{il}, v_{il}] = \left[a_{il}^L, a_{il}^U \right]$。则残缺值偏好矩阵 V 就转化为区间数偏好矩阵 A，记为

$$A = \begin{bmatrix} \left[a_{11}^L, a_{11}^U \right] & \left[a_{12}^L, a_{12}^U \right] & \cdots & \left[a_{1P}^L, a_{1P}^U \right] \\ \left[a_{21}^L, a_{21}^U \right] & \left[a_{22}^L, a_{22}^U \right] & \cdots & \left[a_{2P}^L, a_{2P}^U \right] \\ \vdots & \vdots & & \vdots \\ \left[a_{M1}^L, a_{M1}^U \right] & \left[a_{M2}^L, a_{M2}^U \right] & \cdots & \left[a_{MP}^L, a_{MP}^U \right] \end{bmatrix} \tag{4-12}$$

4.2.2 基于偏好聚类的群体成员权重确定方法

1. 偏好聚类矩阵构建

设区间数 $\tilde{a} = \left[a^L, a^U \right]$，$\tilde{b} = \left[b^L, b^U \right]$，则称

$$S(\tilde{a} \geq \tilde{b}) = \frac{\min\left[(a^U - a^L) + (b^U - b^L), \max(a^U - b^L, 0) \right]}{(a^U - a^L) + (b^U - b^L)} \tag{4-13}$$

为区间数 $\tilde{a} \geqslant \tilde{b}$ 的可能度（徐泽水，2004）。

设区间数 $\tilde{a} = [a^L, a^U]$，$\tilde{b} = [b^L, b^U]$，$\tilde{c} = [c^L, c^U]$，则有（陈侠和樊治平，2007）

（1）有界性：$0 \leqslant S(\tilde{a} \geqslant \tilde{b}) \leqslant 1$；

（2）互补性：$S(\tilde{a} \geqslant \tilde{b}) + S(\tilde{b} \geqslant \tilde{a}) = 1$，特别地，$S(\tilde{a} \geqslant \tilde{a}) = \dfrac{1}{2}$；

（3）传递性：若 $S(\tilde{a} \geqslant \tilde{b}) \geqslant \dfrac{1}{2}$，且 $S(\tilde{b} \geqslant \tilde{c}) \geqslant \dfrac{1}{2}$，则 $S(\tilde{a} \geqslant \tilde{c}) \geqslant \dfrac{1}{2}$。

定义 4.5 设区间数 $\tilde{a} = [a^L, a^U]$，$\tilde{b} = [b^L, b^U]$，两区间数 $\tilde{a}$ 与 $\tilde{b}$ 之间的距离定义为

$$d(\tilde{a}, \tilde{b}) = \|\tilde{a} - \tilde{b}\| = \sqrt{|a^L - b^L|^2 + |a^U - b^U|^2} \tag{4-14}$$

显然 $d(\tilde{a}, \tilde{b})$ 越大，则 $\tilde{a}$ 和 $\tilde{b}$ 相离的程度越大。特别地，当 $d(\tilde{a}, \tilde{b}) = 0$ 时，有 $\tilde{a} = \tilde{b}$，即 $\tilde{a}$ 和 $\tilde{b}$ 相等。

将区间数矩阵 A 规一化为矩阵

$$R = ([r_{il}^L, r_{il}^U])_{M \times P} = \begin{bmatrix} [r_{11}^L, r_{11}^U] & [r_{12}^L, a_{12}^U] & \cdots & [r_{1P}^L, r_{1P}^U] \\ [r_{21}^L, r_{21}^U] & [r_{22}^L, a_{22}^U] & \cdots & [r_{2P}^L, r_{2P}^U] \\ \vdots & \vdots & & \vdots \\ [r_{M1}^L, a_{M1}^U] & [r_{M2}^L, r_{M2}^U] & \cdots & [r_{MP}^L, r_{MP}^U] \end{bmatrix} = \begin{bmatrix} R^1 \\ R^2 \\ \vdots \\ R^M \end{bmatrix}$$

$$\tag{4-15}$$

式中，$r_{il}^L = a_{il}^L \Big/ \sum\limits_{l=1}^{P} a_{il}^L$；$r_{il}^U = a_{il}^U \Big/ \sum\limits_{l=1}^{P} a_{il}^U$。

为了将区间数归化为实数，根据式（4-14），引入如下成员间的距离。

定义 4.6 决策成员 e_i 与 e_j 之间的距离定义为

$$d_{ij} = d(R^i, R^j) = \sum_{l=1}^{P} \sqrt{|r_{il}^L - r_{jl}^L|^2 + |r_{il}^U - r_{jl}^U|^2}, \quad i, j = 1, 2, \cdots, M$$

$$\tag{4-16}$$

将 d_{ij} 构成聚类矩阵

$$D = (d_{ij})_{M \times M} = \begin{bmatrix} d_{11} & d_{12} & \cdots & d_{1M} \\ d_{21} & d_{22} & \cdots & d_{2M} \\ \vdots & \vdots & & \vdots \\ d_{M1} & d_{M2} & \cdots & d_{MM} \end{bmatrix} = \begin{bmatrix} d^1 \\ d^2 \\ \vdots \\ d^M \end{bmatrix}$$

式中，d_{ij} 已不再是区间数，而是一个实数。

2. 群体成员偏好聚类

对 M 个矢量 $\{d^i\}$ 进行聚类相当于对群体 Ω 的 M 个成员进行聚类。对于上述聚类矩阵 $D = (d^1, d^2, \cdots, d^M)^T$，两个聚类向量 d^i 和 d^j 之间的相聚度 $r_{ij}(d^i, d^j)$ 定义为：$r_{ij}(d^i, d^j) = \dfrac{D^i D^{j\mathrm{T}}}{\|D^i\|_2 \|D^j\|_2}$，式中，$\bar{d}^i = \dfrac{1}{M}\sum\limits_{t=1}^{M} d_{it}$，$\bar{d}^j = \dfrac{1}{M}\sum\limits_{t=1}^{M} d_{jt}$；$D^i = (|d_{i1} - \bar{d}^i| |d_{i2} - \bar{d}^i| \cdots |d_{iM} - \bar{d}^i|)$，$D^j = (|d_{j1} - \bar{d}^j| |d_{j2} - \bar{d}^j| \cdots |d_{jM} - \bar{d}^j|)$，则有 $0 \leqslant r_{ij}(d^i, d^j) \leqslant 1$。

取定群体相聚度阈值 γ（一般取 $0.5 < \gamma < 1$），利用该阈值 γ 对群体成员向量集 $\Omega = \{d^i \mid i = 1, 2, \cdots, M\}$ 进行聚类，将群体 Ω 中的所有向量（即群体成员）聚类成 K 个聚集，第 k 个聚集仍记为 C^k。设 n_k 是第 k 个聚集的效用向量（对应于群体成员）数，那么 $\sum\limits_{k=1}^{K} n_k = M$，式中，$K$ 为正整数，且 $1 \leqslant K \leqslant M$。

3. 群体成员权重确定

在对群体成员进行聚类之后，根据聚类结果确定成员的权重，处于同一聚集的成员偏好比较接近，可认为他们具有相同的权重；否则就具有不同的权重。按照多数原则，聚集容量较大的聚集其成员应赋予较大的权重；反之，聚集容量较小的聚集其成员应赋予较小的权重。

设聚集 $C^k (1 \leqslant k \leqslant K)$ 中包含 n_k 个成员（或效用向量），则聚集 C^k 中 n_k 个成员的权重 w_{n_k} 均相等。根据多数原则，$w_{n_k} = \alpha \cdot n_k$，其中，$\alpha$ 为比例系数。由于 M 个成员的权重之和为 1，即 $\sum\limits_{k=1}^{K} n_k \cdot w_{n_k} = \sum\limits_{k=1}^{K} n_k \cdot \alpha \cdot n_k = 1$，可得 $\alpha =$

$1/\sum\limits_{k=1}^{K} n_k^2$ ，此时可得：$w_{n_k} = n_k/\sum\limits_{k=1}^{K} n_k^2$ 。因此，如果成员 $e_i(i=1,\ 2,\ \cdots,\ M)$ 属于聚集 C^k ，则成员 e_i 的权重 w_i 可由式（4-17）确定

$$w_i = w_{n_k} = n_k/\sum_{k=1}^{K} n_k^2, \quad i = 1,\ 2,\ \cdots,\ M \tag{4-17}$$

由式（4-17）即可得所有决策成员的权重为：$W = (w_1,\ w_2,\ \cdots,\ w_M)$ 。

4.2.3 决策方案排序

有了成员的权重 w_i 和区间数效用矩阵 A ，就可以利用下式将 M 个成员关于 P 个决策方案的偏好集结为整个大群体关于 P 个方案的区间数偏好向量

$$Q = (w_i) \times A = (w_1,\ w_2,\ \cdots,\ w_M) \times \begin{bmatrix} [a_{11}^L,\ a_{11}^U] & [a_{12}^L,\ a_{12}^U] & \cdots & [a_{1P}^L,\ a_{1P}^U] \\ [a_{21}^L,\ a_{21}^U] & [a_{22}^L,\ a_{22}^U] & \cdots & [a_{2P}^L,\ a_{2P}^U] \\ \vdots & \vdots & & \vdots \\ [a_{M1}^L,\ a_{M1}^U] & [a_{M2}^L,\ a_{M2}^U] & \cdots & [a_{MP}^L,\ a_{MP}^U] \end{bmatrix} =$$

$$([(w_1 \cdot a_{11}^L + w_2 \cdot a_{21}^L + \cdots + w_M \cdot a_{M1}^L),\ (w_1 \cdot a_{11}^U + w_2 \cdot a_{21}^U + \cdots + w_M \cdot a_{M1}^U)],$$
$$[(w_1 \cdot a_{12}^L + w_2 \cdot a_{22}^L + \cdots + w_M \cdot a_{M2}^L),\ (w_1 \cdot a_{12}^U + w_2 \cdot a_{22}^U + \cdots + w_M \cdot a_{M2}^U)],\ \cdots,$$
$$[(w_1 \cdot a_{1P}^L + w_2 \cdot a_{2P}^L + \cdots + w_M \cdot a_{MP}^L),\ (w_1 \cdot a_{1P}^U + w_2 \cdot a_{2P}^U + \cdots + w_M \cdot a_{MP}^U)])$$

$$= ([q_1^L,\ q_1^U],\ [q_2^L,\ q_2^U],\ \cdots,\ [q_P^L,\ q_P^U]) = (\tilde{q}_1,\ \tilde{q}_2,\ \cdots,\ \tilde{q}_P) \tag{4-18}$$

式中，Q 即为整个大群体关于 P 个决策方案的区间数偏好向量。

利用式（4-13）可能度公式求出区间数向量 Q 相应的可能度 $S(\tilde{q}_l \geqslant \tilde{q}_t) = \dfrac{\min[(q_l^U - q_l^L) + (q_t^U - q_t^L),\ \max(q_l^U - q_t^L,\ 0)]}{(q_l^U - q_l^L) + (q_t^U - q_t^L)}$ ，简记为 $S_{lt}(0 \leqslant l、t \leqslant P)$ ，并建立可能度矩阵：

$$S = (S_{lt})_{P \times P} = \begin{bmatrix} p_{11} & p_{12} & \cdots & p_{1P} \\ p_{21} & p_{22} & \cdots & p_{2P} \\ \vdots & \vdots & & \vdots \\ p_{P1} & p_{P2} & \cdots & p_{PP} \end{bmatrix}$$

这样对决策方案进行排序的问题，就转化为对可能度矩阵 S 的行向量进行排序的问题。由以上可知，矩阵 S 是模糊互补判断矩阵，则由模糊互补判断矩阵排序的中转法（徐泽水，2004）可知，可能度矩阵 S 的行向量排序向量 $O = \{o_1,\ o_2,\ \cdots,\ o_P\}$ 可由式（4-19）求得

$$o_l = \frac{1}{P(P-1)}\left[\sum_{t=1}^{P} P_{lt} + \frac{P}{2} - 1\right], \quad l = 1,\ 2,\ \cdots,\ P \qquad (4\text{-}19)$$

排序向量 O 也就作为区间数矩阵偏好向量 Q 的排序向量，此时便可由排序向量 O 对方案进行排序。

4.2.4　算例分析

有一投资公司要进行一项风险投资，有 10 个投资决策方案，分别记为 x_1，$\cdots$，x_{10}。聘请 30 位专家构成决策群体，每个成员从这 10 个决策方案中选择自己比较熟悉的 8 个决策方案进行评价，以实数值形式的偏好信息出现，如表 4-6 所示。其中的空值（成员没有对相应的方案进行决策或者评价）认为是残缺值。

表 4-6　群体成员决策偏好值表（V）

成员 e_i	x_1	x_2	x_3	x_4	x_5	x_6	x_7	x_8	x_9	x_{10}
e_1	0.42	0.36	0.26	0.23		0.43	0.89	0.58		0.35
e_2		0.60	0.23		0.22	0.10	0.38	0.69	0.18	0.48
e_3	0.49	0.23		0.19	0.64	0.73		0.33	0.16	0.64
e_4	0.24	0.62	0.08		0.29	0.44	0.95	0.46		0.50
e_5		0.42	0.76		0.76	0.50	0.83	0.59	0.07	0.84
e_6	0.33		0.05	0.04	0.99	0.44		0.65	0.78	0.04
e_7	0.79	0.74		0.43	0.89	0.32	0.90	0.68	0.98	
e_8		0.99	0.54	0.66	0.39		0.17	0.15	0.91	0.38
e_9	0.40	0.57		0.07	0.65	0.62	0.83		0.24	0.91
e_{10}	0.38		0.38	0.74	0.98		0.11	0.84	0.11	0.30
e_{11}	0.46	0.94	0.27	0.11	0.60	0.15	0.01	0.63		
e_{12}	0.07		0.50	0.21	0.39	0.41		0.81	0.66	0.88

续表

成员 e_i	x_1	x_2	x_3	x_4	x_5	x_6	x_7	x_8	x_9	x_{10}
e_{13}	0.56	0.98		0.42	0.97		0.26	0.76	0.47	0.84
e_{14}		0.06	0.76	0.05	0.65	0.22	0.45		0.72	0.05
e_{15}	0.31		0.48	0.92	0.67	0.97		0.06	0.50	0.71
e_{16}	0.91	0.18	0.18			0.56	0.37	0.59	0.98	0.27
e_{17}	0.86	0.02	0.17	0.64		0.74	0.30		0.30	0.44
e_{18}	0.66		0.33	0.86	0.73		0.64	0.66	0.77	0.92
e_{19}	0.93	0.48	0.40	0.48		0.97	0.55	0.30	0.45	
e_{20}	0.20	0.16	0.32		0.58	0.46	0.96	0.44	0.79	
e_{21}	0.66	0.58	0.66	0.20			0.80	0.82	0.85	0.77
e_{22}	0.02	0.53		0.02	0.16	0.11	0.97		0.97	0.93
e_{23}	0.99		0.41	0.49	0.82	0.50		0.85	0.68	0.19
e_{24}		0.90	0.33	0.14	0.63	0.99	0.45	0.93	0.81	
e_{25}	0.68	0.15		0.22	0.26		0.70	0.65	0.02	0.63
e_{26}	0.31		0.62	0.52	0.62	0.98	0.32	0.03		0.98
e_{27}	0.87	0.30	0.18	0.44		0.24	0.05	0.22		0.80
e_{28}		0.95	0.91	0.18	0.56	0.91		0.23	0.61	0.76
e_{29}	0.35	0.18	0.83		0.57	0.55	1.00	0.38		0.37
e_{30}	0.30	0.04	0.87	0.22	0.92	0.68	0.87		0.02	

利用式 (4-12) 将 V 转换成区间数矩阵 A，如表 4-7 所示。

表 4-7　群体成员决策偏好区间数表 (A)

e_i	x_1	x_2	x_3	x_4	x_5	x_6	x_7	x_8	x_9	x_{10}
e_1	0.42 0.42	0.36 0.36	0.26 0.26	0.23 0.23	0.16 0.99	0.43 0.43	0.89 0.89	0.58 0.58	0.02 0.98	0.35 0.35
e_2	0.02 0.99	0.6 0.6	0.23 0.23	0.02 0.92	0.22 0.22	0.1 0.1	0.38 0.38	0.69 0.69	0.18 0.18	0.48 0.48
e_3	0.49 0.49	0.23 0.23	0.05 0.91	0.19 0.19	0.64 0.64	0.73 0.73	0.01 1	0.33 0.33	0.16 0.16	0.64 0.64
e_4	0.24 0.24	0.62 0.62	0.08 0.08	0.02 0.92	0.29 0.29	0.44 0.44	0.95 0.95	0.46 0.46	0.02 0.98	0.5 0.5
e_5	0.02 0.99	0.42 0.42	0.76 0.76	0.02 0.92	0.76 0.76	0.5 0.5	0.83 0.83	0.59 0.59	0.07 0.07	0.84 0.84
e_6	0.33 0.33	0.02 0.99	0.05 0.05	0.04 0.04	0.99 0.99	0.44 0.44	0.01 1	0.65 0.65	0.78 0.78	0.04 0.04
e_7	0.79 0.79	0.74 0.74	0.05 0.91	0.43 0.43	0.89 0.89	0.32 0.32	0.9 0.9	0.68 0.68	0.98 0.98	0.04 0.98
e_8	0.02 0.99	0.99 0.99	0.54 0.54	0.66 0.66	0.39 0.39	0.1 0.99	0.17 0.17	0.15 0.15	0.91 0.91	0.38 0.38
e_9	0.4 0.4	0.57 0.57	0.05 0.91	0.07 0.07	0.65 0.65	0.62 0.62	0.83 0.83	0.03 0.93	0.24 0.24	0.91 0.91
e_{10}	0.38 0.38	0.02 0.99	0.38 0.38	0.74 0.74	0.98 0.98	0.1 0.99	0.11 0.11	0.84 0.84	0.11 0.11	0.3 0.3
e_{11}	0.46 0.46	0.94 0.94	0.27 0.27	0.11 0.11	0.6 0.6	0.15 0.15	0.01 0.01	0.63 0.63	0.02 0.98	0.04 0.98
e_{12}	0.07 0.07	0.02 0.99	0.5 0.5	0.21 0.21	0.39 0.39	0.41 0.41	0.01 1	0.81 0.81	0.66 0.66	0.88 0.88

续表

e_i	x_1	x_2	x_3	x_4	x_5	x_6	x_7	x_8	x_9	x_{10}
e_{13}	0.56 0.56	0.98 0.98	0.05 0.91	0.42 0.42	0.97 0.97	0.1 0.99	0.26 0.26	0.76 0.76	0.47 0.47	0.84 0.84
e_{14}	0.02 0.99	0.06 0.06	0.76 0.76	0.05 0.05	0.65 0.65	0.22 0.22	0.45 0.45	0.03 0.93	0.72 0.72	0.05 0.05
e_{15}	0.31 0.31	0.02 0.99	0.48 0.48	0.92 0.92	0.67 0.67	0.97 0.97	0.01 1	0.06 0.06	0.5 0.5	0.71 0.71
e_{16}	0.91 0.91	0.18 0.18	0.18 0.18	0.02 0.92	0.16 0.99	0.56 0.56	0.37 0.37	0.59 0.59	0.98 0.98	0.27 0.27
e_{17}	0.86 0.86	0.02 0.02	0.17 0.17	0.64 0.64	0.16 0.99	0.74 0.74	0.3 0.3	0.03 0.93	0.3 0.3	0.44 0.44
e_{18}	0.66 0.66	0.02 0.99	0.33 0.33	0.86 0.86	0.73 0.73	0.1 0.99	0.64 0.64	0.66 0.66	0.77 0.77	0.92 0.92
e_{19}	0.93 0.93	0.48 0.48	0.4 0.4	0.48 0.48	0.16 0.99	0.97 0.97	0.55 0.55	0.3 0.3	0.45 0.45	0.04 0.98
e_{20}	0.2 0.2	0.16 0.16	0.32 0.32	0.2 0.2	0.58 0.46	0.46 0.46	0.96 0.96	0.44 0.44	0.79 0.79	0.04 0.98
e_{21}	0.66 0.66	0.58 0.58	0.66 0.66	0.2 0.2	0.16 0.99	0.1 0.99	0.8 0.8	0.82 0.82	0.85 0.85	0.77 0.77
e_{22}	0.02 0.02	0.53 0.53	0.05 0.91	0.02 0.02	0.16 0.16	0.11 0.11	0.97 0.97	0.03 0.93	0.97 0.97	0.93 0.93
e_{23}	0.99 0.99	0.02 0.02	0.41 0.41	0.49 0.49	0.82 0.82	0.5 0.5	0.01 1	0.85 0.85	0.68 0.68	0.19 0.19
e_{24}	0.02 0.99	0.9 0.9	0.33 0.33	0.14 0.14	0.63 0.63	0.16 0.99	0.45 0.45	0.93 0.93	0.81 0.81	0.04 0.98
e_{25}	0.68 0.68	0.15 0.15	0.05 0.91	0.22 0.22	0.26 0.26	0.1 0.99	0.7 0.7	0.65 0.65	0.02 0.02	0.63 0.63
e_{26}	0.31 0.31	0.02 0.99	0.62 0.62	0.52 0.52	0.62 0.62	0.98 0.98	0.32 0.32	0.03 0.03	0.02 0.98	0.98 0.98
e_{27}	0.87 0.87	0.3 0.3	0.18 0.18	0.44 0.44	0.16 0.99	0.24 0.24	0.05 0.05	0.22 0.22	0.02 0.98	0.8 0.8
e_{28}	0.02 0.99	0.95 0.95	0.91 0.91	0.56 0.56	0.91 0.91	0.01 1	0.23 0.23	0.61 0.61	0.76 0.76
e_{29}	0.35 0.35	0.18 0.18	0.83 0.83	0.22 0.92	0.92 0.92	0.57 0.57	0.55 0.55	1 1	0.38 0.38	0.02 0.98	0.37 0.37
e_{30}	0.3 0.3	0.04 0.04	0.87 0.87	0.22 0.22	0.92 0.92	0.68 0.68	0.87 0.87	0.03 0.93	0.02 0.02	0.04 0.98

利用式（4-15）将 A 转换成规一化的区间数矩阵 R，利用式（4-16）将 R 转化为聚类矩阵 D。对 D 进行聚类（取群体相聚度阈值 $\gamma = 0.97$），得聚集个数 $K = 7$，聚类结构如表 4-8 所示。

表 4-8　成员聚类向量集 D 聚类结果

聚集 C^k	成员数 n_k	成员 e^i	聚集一致性指标 ρ^k	群体一致性指标 ρ
聚集 C^1	1	e_1	0	
聚集 C^2	1	e_2	0	
聚集 C^3	15	e_3, e_9, e_{15}, e_{17}, e_{18}, e_{19}, e_{21}, e_{22}, e_{23}, e_{24}, e_{25}, e_{26}, e_{27}, e_{28}, e_{30}	0.98	
聚集 C^4	1	e_4	0	0.818
聚集 C^5	1	e_5	0	
聚集 C^6	10	e_6, e_7, e_8, e_{10}, e_{11}, e_{12}, e_{13}, e_{14}, e_{16}, e_{20}	0.984	
聚集 C^7	1	e_{29}	0	

由式（4-17）可得成员 e_1 的权重 w_1 为：$w_1 = n_1 / \sum_{k=1}^{7} n_k^2 = \frac{1}{430} = 0.0023$。同理可得其他成员权重，如表4-9所示。

表4-9　群体成员权重表（W）

成员	权重 w_i	成员	权重 w_i	成员	权重 w_i	成员	权重 w_i	成员	权重 w_i
e_1	0.0023	e_7	0.0233	e_{13}	0.0233	e_{19}	0.0349	e_{25}	0.0349
e_2	0.0023	e_8	0.0233	e_{14}	0.0233	e_{20}	0.0233	e_{26}	0.0349
e_3	0.0349	e_9	0.0349	e_{15}	0.0349	e_{21}	0.0349	e_{27}	0.0349
e_4	0.0023	e_{10}	0.0233	e_{16}	0.0233	e_{22}	0.0349	e_{28}	0.0349
e_5	0.0023	e_{11}	0.0233	e_{17}	0.0349	e_{23}	0.0349	e_{29}	0.0023
e_6	0.0233	e_{12}	0.0233	e_{18}	0.0349	e_{24}	0.0349	e_{30}	0.0349

由式（4-18）可得群体关于10个方案的偏好区间数向量：

$Q = (q_1, q_2, \cdots, q_{10}) = (w_i) \times A = (w_1, w_2, \cdots, w_{30}) \times A =$
$([0.352\,005, 0.469\,375], [0.269\,344, 0.472\,559], [0.271\,242, 0.431\,374],$
$[0.258\,714, 0.308\,934], [0.413\,15, 0.550\,266], [0.376\,31, 0.531\,704],$
$[0.312\,588, 0.496\,926], [0.317\,704, 0.464\,314], [0.374\,357, 0.470\,357],$
$[0.380\,066, 0.544\,19])$。

利用式（4-13）求得区间数偏好向量 Q 的可能度矩阵 $S = (p_{lt})_{10 \times 10}$ 如表4-10所示。

表4-10　区间数偏好向量 Q 的可能度矩阵（S）

方案 x_i	x_1	x_2	x_3	x_4	x_5	x_6	x_7	x_8	x_9	x_{10}
x_1	0.5	0.625	0.7139	1	0.2208	0.3419	0.5197	0.57449	0.44517	0.3172
x_2	0.375	0.5	0.5544	0.8458	0.1747	0.2682	0.4131	0.44295	0.32843	0.252
x_3	0.2861	0.4456	0.5	0.8238	0.0612	0.1746	0.3449	0.37061	0.22257	0.1582
x_4	0	0.1542	0.1762	0.5	0	0	0	0	0	0
x_5	0.7792	0.8253	0.9388	1	0.5	0.5959	0.7396	0.81971	0.75461	0.5651
x_6	0.6581	0.7318	0.8254	1	0.4041	0.5	0.6457	0.70953	0.62669	0.4751
x_7	0.4803	0.5869	0.6551	1	0.2604	0.3543	0.5	0.5416	0.43739	0.3355
x_8	0.4255	0.557	0.6294	1	0.1803	0.2905	0.4584	0.5	1	0.271
x_9	0.5548	0.6716	0.7774	1	0.2454	0.3733	0.5626	0	0.5	1
x_{10}	0.6828	0.748	0.8418	1	0.4349	0.5249	0.6645	0.729	0	0.5

利用 S 和式（4-19）求得方案的排序向量 O 为

$O =$ （0.102 869 119，0.090 605 819，0.082 086 085，0.053 670 452，0.127 979 383，

0.117 516 493，0.101 682 39 9，0.103 468 006，0.107 612 619，0.112 509 625）

由此可得最优方案为 x_5。

在群体成员和决策方案很多的情况下，由于成员的知识结构存在差异和各个方案涉及的范围可能不同，所有成员对所有方案进行决策或者评价可能不太现实或不合理。针对这种群体成员对部分决策方案进行决策的多方案排序复杂大群体决策问题，首先将其视为残缺偏好下的复杂大群体决策问题，提出了填补残缺偏好的方法，即转化为偏好值以区间数形式给出的复杂大群体决策问题。提出了决策方案排序模型及相应的排序方法。

4.3　基于不确定语言值偏好信息的复杂大群体决策偏好集结模型

由于特大自然灾害突发事件的复杂性、不确定性以及人类思维的模糊性，当决策成员受一些主客观因素和时间制约时，对方案进行评估决策往往会给出定性的决策信息，因此对偏好信息可能以语言变量或不确定语言变量形式给出。本节针对多方案排序决策问题，利用现有的关于属性以语言值形式给出的决策方法（Herrera and Martinez，2001；Delgado et al.，1994；Bordogna et al.，1997；Herrera and Herrera-Vieama，1997；王欣荣和樊治平，2003）和复杂大群体偏好聚类模型，首先利用不确定语言变量的性质提出各决策者之间的距离，根据距离对决策成员进行聚类，根据聚类结果确定成员的权重，其次将成员权重和不确定语言变量矩阵合成得到决策方案的排序向量，据此获得最优决策方案，形成相应的复杂大群体偏好集结模型。

4.3.1　语言型偏好信息表示

决策专家在进行定性测度时，一般需要适当的语言评估标度，事先设定语

言评估标度 $S = \{s_i \mid i = -t, \cdots, t\}$，如 $S=\{s_{-4}=$极差，$s_{-3}=$很差，$s_{-2}=$差，$s_{-1}=$稍差，$s_0=$一般，$s_1=$稍好，$s_2=$好，$s_3=$很好，$s_4=$极好$\}$，S 中的术语个数一般为奇数，且满足下列条件：①若 $i>j$，则 $s_i>s_j$；②存在负算子 $\text{neg}(s_i) = s_{-i}$；③若 $s_i \geq s_j$，则 $\max(s_i, s_j) = s_i$；④若 $s_i \leq s_j$，则 $\min(s_i, s_j) = s_j$。为了便于计算和避免丢失决策信息，在原有标度 $S = \{s_i \mid i = -t, \cdots, t\}$ 的基础上定义一个拓展标度 $\tilde{S} = \{s_a \mid a \in [-q, q]\}$，其中，$q$ 为一个充分大的数，且若 $s_i \in S$，则称 s_i 为本原术语；否则，称 s_i 为拓展术语。一般的，专家运用本原术语评估决策方案，而拓展术语只在运算和排序过程中出现。

如果 $\tilde{s} = [s_\alpha, s_\beta]$，$s_\alpha, s_\beta \in \tilde{S}$，$s_\alpha$ 和 s_β 分别表示下限和上限，则称 $\tilde{s}$ 为不确定语言变量，并令 $\tilde{s}$ 为所有不确定语言变量构成的集合。对于任意三个不确定语言变量：$\tilde{s} = [s_\alpha, s_\beta]$，$\tilde{s}_1 = [s_{\alpha_1}, s_{\beta_1}]$，$\tilde{s}_2 = [s_{\alpha_2}, s_{\beta_2}]$，其中，$\tilde{s}$、$\tilde{s}_1$、$\tilde{s}_2 \in \tilde{S}$，以及 $\lambda \in [0, 1]$，不确定语言变量的运算法则为

(1) $\tilde{s}_1 \oplus \tilde{s}_2 = [s_{\alpha_1}, s_{\beta_1}] \oplus [s_{\alpha_2}, s_{\beta_2}] = [s_{\alpha_1} \oplus s_{\alpha_2}, s_{\beta_1} \oplus s_{\beta_2}]$
$\qquad = [s_{\alpha_1+\alpha_2}, s_{\beta_1+\beta_2}]$；

(2) $\lambda \tilde{s} = \lambda[s_\alpha, s_\beta] = [\lambda s_\alpha, \lambda s_\beta] = [s_{\lambda\alpha}, s_{\lambda\beta}]$。

设 $\tilde{s}_1 = [s_{\alpha_1}, s_{\beta_1}]$，$\tilde{s}_2 = [s_{\alpha_2}, s_{\beta_2}]$ 为两个不确定语言变量，同时令 $l\tilde{s}_1 = \beta_1 - \alpha_1$，$l\tilde{s}_2 = \beta_2 - \alpha_2$ 为两个不确定语言变量的长度，则 $\tilde{s}_1 \geq \tilde{s}_2$ 的可能度定义为（郭春香和郭耀煌，2005）

$$S(\tilde{s}_1 \geq \tilde{s})_2 = \frac{\max(0, l\tilde{s}_1 + l\tilde{s}_2 - \max(\beta_2 - \alpha_1, 0))}{l\tilde{s}_1 + l\tilde{s}_2} \qquad (4\text{-}20)$$

可能度 $S(\tilde{s}_1 \geq \tilde{s}_2)$ 具有以下性质（徐泽水，2004）：①$0 \leq S(\tilde{s}_1 \geq \tilde{s}_2) \leq 1$，$0 \leq S(\tilde{s}_2 \geq \tilde{s}_1) \leq 1$；②$S(\tilde{s}_1 \geq \tilde{s}_2) + S(\tilde{s}_2 \geq \tilde{s}_1) = 1$，特别的，$S(\tilde{s}_1 \geq \tilde{s}_1) = S(\tilde{s}_2 \geq \tilde{s}_2) = 0.5$。

设 $\tilde{s}_1 = [s_{\alpha_1}, s_{\beta_1}]$，$\tilde{s}_2 = [s_{\alpha_2}, s_{\beta_2}]$ 为两个不确定语言变量，则 $\tilde{s}_1$ 与 $\tilde{s}_2$ 之间的距离定义为

$$d\left(\tilde{s}_1,\ \tilde{s}_2\right)=\sqrt{\left|\alpha_1-\alpha_2\right|^2+\left|\beta_1-\beta_2\right|^2} \qquad (4\text{-}21)$$

4.3.2 决策方案排序

所有决策方案构成方案集 $X=\{x_1,\ x_2,\ \cdots,\ x_P\}$，其中 x_l 为第 l 个决策方案。设决策群体为 $\Omega=\{e_1,\ e_2,\ \cdots,\ e_M\}$，其中 e_i 为第 i 个成员，$i=1,\ 2,\ \cdots,$ M；$l=1,\ 2,\ \cdots,\ P$。设 M 个专家给出关于 P 个方案的不确定语言变量形式决策偏好信息构成决策偏好矩阵 $A=\{a_{ij}\}_{M\times P}$，其中，$a_{ij}=\tilde{a}_{ij}=\left[a_{\alpha_{ij}},\ a_{\beta_{ij}}\right]$，即

$$A=\begin{bmatrix}
\left[a_{\alpha_{11}},\ a_{\beta_{11}}\right] & \left[a_{\alpha_{12}},\ a_{\beta_{12}}\right] & \cdots & \left[a_{\alpha_{1P}},\ a_{\beta_{1P}}\right] \\
\left[a_{\alpha_{21}},\ a_{\beta_{21}}\right] & \left[a_{\alpha_{22}},\ a_{\beta_{22}}\right] & \cdots & \left[a_{\alpha_{2P}},\ a_{\beta_{2P}}\right] \\
\vdots & \vdots & & \vdots \\
\left[a_{\alpha_{M1}},\ a_{\beta_{M1}}\right] & \left[a_{\alpha_{M2}},\ a_{\beta_{M2}}\right] & & \left[a_{\alpha_{MP}},\ a_{\beta_{MP}}\right]
\end{bmatrix} \qquad (4\text{-}22)$$

决策成员 e_i 与 e_j 之间的距离定义为

$$d_{ij}=d(A_i,\ A_j)=\sum_{l=1}^{P}\sqrt{\left|\beta_{il}-\beta_{jl}\right|^2+\left|\alpha_{il}-\alpha_{jl}\right|^2}, \qquad (4\text{-}23)$$

式中，d_{ij} 构成聚类矩阵 $D=(d_{ij})_{M\times M}=\begin{bmatrix} d_{11} & d_{12} & \cdots & d_{1M} \\ d_{21} & d_{22} & \cdots & d_{2M} \\ \vdots & \vdots & & \vdots \\ d_{M1} & d_{M2} & \cdots & d_{MM} \end{bmatrix}=\begin{bmatrix} d^1 \\ d^2 \\ \vdots \\ d^M \end{bmatrix}$，$d_{ij}$ 已不

再是语言值，而是一个实数。两聚类向量 d^i 和 d^j 之间的相聚度 $r_{ij}(d^i,\ d^j)$ 定义

为：$r_{ij}(d^i,\ d^j)=\dfrac{D^i\cdot D^{j\mathrm{T}}}{\|D^i\|_2\cdot\|D^j\|_2}$，式中，$\bar{d}^i=\dfrac{1}{M}\sum_{t=1}^{M}d_{it}$，$\bar{d}^j=\dfrac{1}{M}\sum_{t=1}^{M}d_{jt}$；$D^i=$

$\left(\left|d_{i1}-\bar{d}^i\right|,\ \left|d_{i2}-\bar{d}^i\right|,\ \cdots,\ \left|d_{iM}-\bar{d}^i\right|\right)$，$D^j=\left(\left|d_{j1}-\bar{d}^j\right|,\ \left|d_{j2}-\bar{d}^j\right|,\ \cdots,\right.$

$\left.\left|d_{jM}-\bar{d}^j\right|\right)$，并有 $0\leqslant r_{ij}(d^i,\ d^j)\leqslant 1$，利用第 2 章的偏好聚类方法对矩阵 D 进行聚类，将所有聚类向量（即群体成员）聚类成 K 个聚集，第 k 个聚集记为 C^k，设 n_k 是第 k 个聚集的向量数，$\sum_{k=1}^{K}n_k=M$，其中，K 为正整数，且 $1\leqslant K$ $\leqslant M$。处于同一聚集的成员给出的语言偏好是比较接近的，因此认为属于同一

聚集的成员具有相同的权重；反之具有不同的权重。按照多数原则，容量较大的聚集其成员应赋予较大的权重；反之，容量较小的聚集其成员应赋予较小的权重。

根据上述分析，聚集 C^k 中 n_k 个成员的权重 w_{n_k} 均相等，按照多数原则，w_{n_k} 与 n_k 成正比，有 $w_{n_k} = \alpha \cdot n_k$，其中，$\alpha$ 为比例系数。又因 M 个成员的权重之和为 1，即 $\sum_{k=1}^{K} n_k \cdot w_{n_k} = \sum_{k=1}^{K} n_k \cdot \alpha \cdot n_k = 1$，可得 $\alpha = 1 / \sum_{k=1}^{K} n_k^2$，此时可得：$w_{n_k} = \alpha \cdot n_k = n_k / \sum_{k=1}^{K} n_k^2$。因此，如果成员 $e_i(i = 1, 2, \cdots, M)$ 属于聚集 C^k，则成员 e_i 的权重 w_i 可由式（4-24）确定：

$$w_i = w_{n_k} = n_k / \sum_{k=1}^{K} n_k^2, \ i = 1, 2, \cdots, M \qquad (4\text{-}24)$$

由式（4-24）即可得所有决策成员的权重为：$W = (w_1, \ w_2, \ \cdots, \ w_M)$。

有了专家的权重就可以利用式（4-25）将 M 个专家关于 P 个决策方案的偏好集结为整个群体关于 P 个方案的偏好：

$$Q = \{w_i\} \times A$$

$$= (w_1, \ w_2, \ \cdots, \ w_M) \times \begin{bmatrix} [a_{\alpha_{11}}, \ a_{\beta_{11}}] & [a_{\alpha_{12}}, \ a_{\beta_{12}}] & \cdots & [a_{\alpha_{1P}}, \ a_{\beta_{1P}}] \\ [a_{\alpha_{21}}, \ a_{\beta_{21}}] & [a_{\alpha_{22}}, \ a_{\beta_{22}}] & \cdots & [a_{\alpha_{2P}}, \ a_{\beta_{2P}}] \\ \vdots & \vdots & & \vdots \\ [a_{\alpha_{M1}}, \ a_{\beta_{M1}}] & [a_{\alpha_{M2}}, \ a_{\beta_{M2}}] & \cdots & [a_{\alpha_{MP}}, \ a_{\beta_{MP}}] \end{bmatrix}$$

$$= ([(w_1 \cdot \alpha_{11} + w_2 \cdot \alpha_{21} + \cdots + w_M \cdot \alpha_{M1}),$$

$$(w_1 \cdot \beta_{11} + w_2 \cdot \beta_{21} + \cdots + w_M \cdot \beta_{M1})], \cdots,$$

$$[(w_1 \cdot \alpha_{1P} + w_2 \cdot \alpha_{2P} + \cdots + w_M \cdot \alpha_{MP}),$$

$$(w_1 \cdot \beta_{1P} + w_2 \cdot \beta_{2P} + \cdots + w_M \cdot \beta_{MP})])$$

$$= ([u_{\alpha_1}, \ u_{\beta_1}], \ [u_{\alpha_2}, \ u_{\beta_2}], \ \cdots, \ [u_{\alpha_P}, \ u_{\beta_P}]) = (\tilde{u}_1, \ \tilde{u}_2, \ \cdots, \ \tilde{u}_P) \qquad (4\text{-}25)$$

式中，Q 为一组群体关于 P 个方案的语言变量形式的偏好值，利用式（4-20）对其进行两两比较，并构造可能度矩阵 $S = (s_{ij})_{P \times P}$，其中，$s_{ij} = S(\tilde{s}_i \geq \tilde{s}_j)$，$s_{ij} \geq 0$，$s_{ij} + s_{ji} = 1$，$s_{ij} = 0.5$，$i, j = 1, 2, \cdots, P$

则由式（4-26）可得 P 个决策方案的排序向量（徐泽水，2004）：

$O = (o_1, o_2, \cdots, o_P)$ ，

式中

$$o_l = \left(\sum_{t=1}^{P} p_{lt} + \frac{P}{2} - 1 \right) / (P(P-1)), \quad l = 1, 2, \cdots, P \quad (4\text{-}26)$$

4.3.3 算例分析

有一投资公司要进行一项风险投资，有 5 个投资决策方案，分别记为 x_1，x_2，$\cdots$，x_5。聘请 20 位专家构成决策群体，关于这 5 个方案给出的不确定语言形式的偏好信息如表 4-11 所示，语言评估标度 S 为：$S = \{s_{-4} =$ 极差，$s_{-3} =$ 很差，$s_{-2} =$ 差，$s_{-1} =$ 稍差，$s_0 =$ 一般，$s_1 =$ 稍好，$s_2 =$ 好，$s_3 =$ 很好，$s_4 =$ 极好$\}$。

表 4-11　决策成员语言评价值表 （A）

成员 e_i	方案 x_1	方案 x_2	方案 x_3	方案 x_4	方案 x_5	成员 e_i	方案 x_1	方案 x_2	方案 x_3	方案 x_4	方案 x_5
e_1	1, 3	3, 4	2, -1	1, 2	3, -2	e_{11}	-1, 2	2, 3	0, 2	3, 4	1, 2
e_2	2, 3	1, 2	0, 2	2, 3	-1, 2	e_{12}	0, 1	2, 4	1, 3	1, 2	2, 3
e_3	1, 2	2, 3	0, 1	3, 4	1, 3	e_{13}	1, 3	3, 4	-2, -1	1, 2	-2, 2
e_4	0, 1	2, 4	2, 3	1, 2	2, 3	e_{14}	1, 3	1, 2	0, 1	2, 3	-1, 2
e_5	2, 4	3, 4	-1, 0	2, 3	1, 2	e_{15}	2, 4	2, 3	0, 1	3, 4	1, 3
e_6	1, 3	2, 3	0, 1	2, 4	0, 2	e_{16}	0, 1	2, 3	1, 3	-1, 2	2, 3
e_7	2, 4	-1, 3	0, 2	1, 3	1, 2	e_{17}	1, 3	2, 4	-2, -1	1, 2	-3, 2
e_8	0, 1	-1, 2	2, 3	2, 4	2, 3	e_{18}	2, 3	1, 3	0, 2	2, 3	-1, 2
e_9	1, 3	2, 4	-1, 0	1, 2	-3, 2	e_{19}	1, 2	1, 3	0, 1	3, 4	-1, 3
e_{10}	2, 3	1, 2	0, 2	1, 3	-1, 2	e_{20}	0, 1	2, 4	1, 3	1, 2	2, 3

利用式（4-23）将 A 转换成聚类矩阵 D。然后对 D 进行聚类，得聚集数 $K = 6$，聚类结构如表 4-12 所示。

表4-12 成员聚类表

聚集 C^k	成员数 n_k	成员 e_i	聚集 C^k	成员数 n_k	成员 e_i
聚集 C^1	1	e_7	聚集 C^4	4	e_4，e_{12}，e_{16}，e_{20}
聚集 C^2	9	e_2，e_3，e_6，e_{10}，e_{11}，e_{14}，e_{15}，e_{18}，e_{19}	聚集 C^5	1	e_5
聚集 C^3	1	e_8	聚集 C^6	4	e_1，e_9，e_{13}，e_{17}

利用式（4-24）可得成员 e_1 权重 w_1 为：$w_1 = n_6 / \sum_{k=1}^{6} n_k^2 = \frac{4}{116} = 0.0345$。同理可得其他成员权重，如表4-13所示。

表4-13 成员权重表

成员 e_i	权重 w_i	成员 e_i	权重 w_i	成员 e_i	权重 w_i	成员 e_i	权重 w_i	成员 e_i	权重 w_i
e_1	0.0345	e_5	0.0086	e_9	0.0345	e_{13}	0.0345	e_{17}	0.0345
e_2	0.0776	e_6	0.0776	e_{10}	0.0776	e_{14}	0.0776	e_{18}	0.0776
e_3	0.0776	e_7	0.0086	e_{10}	0.0776	e_{15}	0.0776	e_{19}	0.0776
e_4	0.0345	e_8	0.0086	e_{12}	0.0345	e_{16}	0.0345	e_{20}	0.0345

利用式（4-26）可得所有决策方案的排序向量为 $O =$（0.2063，0.2462，0.1253，0.2594，0.1627），由此可得最优方案为 x_4。

针对偏好信息以不确定语言变量形式给出的群体决策问题，根据语言型偏好信息的特点，给出了语言型偏好信息的表示方式。利用偏好聚类方法将群体成员偏好进行聚类，根据聚类结果确定决策成员的权重。将决策成员权重和不确定语言偏好矩阵进行合成获得决策方案的排序向量，由此获得最优决策方案。

4.4 基于随机值偏好信息的复杂大群体
决策偏好集结模型

特大自然灾害突发事件本身带有多种随机因素，其应急决策问题的决策者难以在短时间内获得完全的决策信息，使得决策偏好信息往往带有随机性，即出现随机值偏好信息。本节针对多方案排序决策问题，利用现有的关于属性值以随机变量形式给出的决策方法（姚开保和岳超源，2005；Zaras，2001；2004；Lahdelma and Salminen，2001；2002；2006）和复杂大群体偏好聚类方法，首先将正态分布的 3σ 原则推广到任意分布，将随机属性值转化成区间数；其次把实数范围内的模糊聚类算法扩展到区间数上，通过该算法将大群体中的成员偏好形成若干个不同的聚集，在此基础上定义并计算群体中各个聚集和整个大群体的区间决策偏好矩阵；最后利用不确定性有序加权平均算子（UOWA）获得决策方案的综合排序，形成相应的复杂大群体偏好集结模型。

4.4.1　随机偏好信息及其区间数转换

决策问题存在 N 个属性和 P 个决策方案，决策群体为 Ω，其中有 M 个决策成员，决策成员 i 针对决策方案 l 关于属性 j 给出的决策偏好值为 x_{ij}^l，这里 x_{ij}^l 为连续型随机变量，其概率密度函数为 $f_{ij}^l(x)$，其中 $1 \leqslant i \leqslant M$，$1 \leqslant j \leqslant N$，$1 \leqslant l \leqslant P$。

1. 正态分布 3σ 原则的推广

设连续型随机变量 x 的概率密度函数为 $f(x)$，$x \in (-\infty, +\infty)$。给定期望概率值 α，若有 $P\{x_1 \leqslant x \leqslant x_2\} = \int_{x_1}^{x_2} f(x)\,\mathrm{d}x \geqslant \alpha$，则称在期望概率水平 $\alpha(0 \leqslant \alpha \leqslant 1)$ 下，随机变量 x 的值必定落在区间 $[x_1, x_2]$ 上。

2. 随机变量偏好值 x_{ij}^l 转化成区间数 $y_{ij}^l = [\underline{x}_{ij}^l, \bar{x}_{ij}^l]$

随机变量 x_{ij}^l 的概率密度函数为 $f_{ij}^l(x)$，在给定期望概率水平下 $\alpha(0 \leqslant \alpha \leqslant 1)$，当区间 $[\underline{x}_{ij}^l, \bar{x}_{ij}^l]$ 满足不等式

$$P\{\underline{x}_{ij}^l \leqslant x_{ij}^l \leqslant \bar{x}_{ij}^l\} = \int_{\underline{x}_{ij}^l}^{\bar{x}_{ij}^l} f_{ij}^l(x)\,\mathrm{d}x \geqslant \alpha \tag{4-27}$$

时，用区间 $[\underline{x}_{ij}^l, \bar{x}_{ij}^l]$ 包含的信息量来代替随机变量 x_{ij}^l 所包含的信息量。包含信息量的多少由 α 来决定：α 越大，则包含的信息量越多，信息遗失的越少；α 越小，则包含的信息量越少，信息遗失的越多。特别的，当 $\alpha = 0$ 时，所得

的区间值包含的信息量为零；$\alpha = 1$ 时，完全包含已知信息。

4.4.2　偏好集结过程

1. 区间模糊聚类

定义 4.7　设区间向量 $y_i^l = (y_{i1}^l,\ \ y_{i2}^l,\ \cdots,\ \ y_{iN}^l)$ 为第 i 个决策成员对第 l 个决策方案的区间决策向量，其中，$y_{ij}^l = [\underline{x}_{ij}^l,\ \overline{x}_{ij}^l]$，　$j = 1,\ 2,\ \cdots,\ N$。

定义 4.8　设矩阵

$$y = (y_1^l,\ y_2^l,\ \cdots,\ y_M^l)^{\mathrm{T}} = \begin{pmatrix} y_{11}^l & y_{12}^l & \cdots & y_{1N}^l \\ y_{21}^l & y_{22}^l & \cdots & y_{2N}^l \\ \vdots & \vdots & & \vdots \\ y_{M1}^l & y_{M2}^l & \cdots & y_{MN}^l \end{pmatrix}$$

为决策群体 Ω 关于第 l 个决策方案的区间决策偏好矩阵。

步骤 1　区间决策矩阵的数据标准化。

由于属性值的量纲和数量级不一定相同，在运算过程中可能突出了某些数量级特别大的属性，而降低甚至排除了某些数量级很小的属性的作用，为了消除属性量纲的差别和属性数量级不同的影响，须对各属性值进行标准化，使得每一属性值统一于某种共同的数值特性范围。此处我们只考虑属性为效益型的情况，标准化采用平移–标准差变换（贺仲雄，1983）：

$$y_{ij}^l = \frac{y_{ij}^l - \overline{y}_{ij}}{\sigma_{ij}}$$

式中，$\overline{y}_{ij} = \dfrac{1}{P}\sum_{l=1}^{P} y_{ij}^l$，$\sigma_{ij} = \sqrt{\dfrac{1}{P}\sum_{l=1}^{P}(y_{ij}^l - \overline{y}_{ij})}$。

该方法为统计学中的标准差方法，适用于随机属性值数据标准化，传统标准化方法如范数规范化方法（即平方和归一化），常用于确定属性值数据标准化处理。

步骤 2　建立模糊相似关系矩阵 $R_l = (r_{i_1 i_2}^l)_{M \times M}$。

设 $r_{i_1i_2}(l, j)$ 为决策成员 i_1 和决策成员 i_2 针对决策方案 l 在属性 j 下评价值的相似度。$r_{i_1i_2}(l, j)$ 定义为（廖貅武和唐焕文，2002）

$$r_{i_1i_2}(l, j) = \frac{|y_{i_1j}^l \cap y_{i_2j}^l|}{\sqrt{|y_{i_1j}^l|} \cdot \sqrt{|y_{i_2j}^l|}},$$

式中，$|\cdot|$ 表示区间数的长度，并且 $r_{i_1i_2(l, j)}$ 具有下列性质：① $0 \leqslant r_{i_1i_2}(l, j) \leqslant 1$；② 若 $r_{i_1i_2}(l, j) = 0$，则 $y_{i_1j}^l$ 与 $y_{i_2j}^l$ 至多交于一点；③ 若 $r_{i_1i_2}(l, j) = 1$，则 $y_{i_1j}^l = y_{i_2j}^l$，即决策成员 i_1 和决策成员 i_2 针对决策方案 l 在属性 j 下的评价完全一致。

定义 4.9　定义决策成员 i_1 和 i_2 关于决策方案 l 的综合评价值的相似度 $r_{i_1i_2}^l = \min\limits_{1 \leqslant j \leqslant N} r_{i_1i_2}(l, j)$。显然 $r_{i_1i_2}^l$ 具有下列性质：① $0 \leqslant r_{i_1i_2}^l \leqslant 1$；② $r_{i_1i_2}^l = 0$ 时，决策成员 i_1 和决策成员 i_2 关于决策方案 l 至少在一个属性下评价值不同；③ $r_{i_1i_2}^l = 1$ 时，决策成员 i_1 和决策成员 i_2 关于决策方案 l 的评价完全一致。

综上所述，对于第 l 个决策方案，得其模糊相似关系矩阵为 $R_l = (r_{i_1i_2}^l)_{M \times M}$，其中 i_1、$i_2 = 1, 2, \cdots, M$。

步骤 3　求模糊相似矩阵 R_l 的传递闭包 $t(R_l)$。

使用平方自合成法（贺仲雄，1983）构造 $t(R_l)$，计算

$$R_l \cdot R_l = R_l^2；\quad R_l^2 \cdot R_l^2 = R_l^4；\quad R_l^4 \cdot R_l^4 = R_l^8；\quad \cdots\cdots；\quad R_l^{2^{k-1}} \cdot R_l^{2^{k-1}} = R_l^{2^k}；\quad \cdots\cdots$$

若有 k_0 使得 $R_l^{2^{k_0-1}} = R_l^{2^{k_0}}$，则 $t(R_l) = R_l^{2^{k_0}}$。

从上面的计算过程可知，用平方自合成法，至多只需要计算 $\log_2 M + 1$ 次，便可以得到 R_l 的传递闭包 $t(R_l)$。

步骤 4　选定适当的阈值 λ_l，求 $t(R_l)$ 的 λ_l 截阵 $t(R_l^{\lambda_l})$，从而得到若干个聚集。

根据聚类原则，当 $r_{i_1i_2}^l \geqslant \lambda_l$ 时，对于第 l 个方案决策成员 i_1 与 i_2 可以归为一类。对于各个不同的 $\lambda_l \in [0, 1]$，可以得到不同的聚集 $\{C^{l1}, C^{l2}, \cdots, C^{lk}\}$。若对决策群体 Ω 进行动态聚类，形成一幅动态聚类图，可更加形象和全面了解复杂大群体的聚类情况。

2. 群体区间决策矩阵构建

定义 4.10　由于决策群体 Ω 由 K 个聚集构成，因此对于第 k 个聚集 C^{lk}，

定义其区间评价向量为

$$G^{lk} = \bigcap_{i \in C^{lk}} y_i^l = \left(\bigcap_{i \in C^{lk}} y_{i1}^l, \quad \bigcap_{i \in C^{lk}} y_{i2}^l, \quad \cdots, \quad \bigcap_{i \in C^{lk}} y_{iN}^l \right), \quad k = 1, 2, \cdots, K; \quad l = 1, 2, \cdots, P$$

特别地，当 $\bigcap_{i \in C^{lk}} y_{ij}^l = \Phi$ 时，$\bigcap_{i \in C^{lk}} y_{ij}^l = [0, 0]$。

定义 4.11　对决策大群体 Ω 中所有聚集 C^{lk} 的评价矩阵 G^{lk} 进行加权求和，可得大群体 Ω 对方案 l 的区间评价向量为 $E^l = \sum_{k=1}^{K} \dfrac{n_k^l}{M} G^{lk}$，其中，$n_k^l$ 表示聚集 C^{lk} 中元素的个数。

定义 4.12　将定义 4.11 中的 P 个区间判断向量进行组合得到大群体区间判断矩阵

$$E = (e_{lj})_{P \times N} = \begin{bmatrix} E^1 \\ E^2 \\ \vdots \\ E^P \end{bmatrix} = \begin{bmatrix} e_{11} & e_{12} & \cdots & e_{1N} \\ e_{21} & e_{22} & \cdots & e_{2N} \\ \vdots & \vdots & & \vdots \\ e_{P1} & e_{P2} & \cdots & e_{PN} \end{bmatrix}, \quad \text{式中 } e_{lj} = [\underline{e}_{lj}, \bar{e}_{lj}]。$$

3. 属性权重确定

设 $f: U^n \to U$，若 $f(N_1, \cdots, N_N) = \sum_{j=1}^{N} \omega_j N_j'$，其中 $\omega = (\omega_1, \quad \omega_2, \quad \cdots, \quad \omega_N)^T$ 是与 f 相关联的加权向量，$\omega_j \in [0, 1]$，且 $\sum_{j=1}^{N} \omega_j = 1$，$N_j'$ 是以区间数形式给出的一组数据 N_j 中第 j 个最大的数，则称函数 f 是 n 维不确定性有序加权平均算子（UOWA）（徐泽水，2001）。这个算子对数据 $N_j (j = 1, \cdots, N)$ 按从小到大的顺序重新排序并加权集结。而 N_j 与 ω_j 没有任何联系，ω_j 只与集结过程中顺序的第 j 个位置有关。

根据 UOWA 算子的思想，在属性权重完全未知的情况下，可以认为属性权重大小同属性决策值的大小顺序相关，属性决策值越大，则属性权重越大。因此可由下列排序公式（徐泽水，2001）确定属性权重向量

$$\omega = (\omega_1, \quad \omega_2, \quad \cdots, \quad \omega_N) \tag{4-28}$$

式中，$\omega_j = Q\left(\dfrac{j}{N}\right) - Q\left(\dfrac{j-1}{N}\right)$，$j = 1, 2, \cdots, N$。算子 Q 由下式给出：

$$Q(r) = \begin{cases} 0, & r < a \\ \dfrac{r-a}{b-a}, & a \leqslant r \leqslant b \\ 1, & r > b \end{cases}$$

式中，a、b、$r \in [0, 1]$；对应于模糊语义量化准则："大多数"，"至少半数"，"尽可能多"的算子参数对分别为 $(a,\ b) = (0.3,\ 0.8)$，$(a,\ b) = (0,\ 0.5)$，$(a,\ b) = (0.5,\ 1.0)$。

4. 决策方案排序

设 $\tilde{a} = [a^L,\ a^U]$ 和 $\tilde{b} = [b^L,\ a^U]$，记 $l_{\tilde{a}} = a^U - a^L$、$l_{\tilde{b}} = b^U - b^L$，则

$$p(\tilde{a} \geqslant \tilde{b}) = \min\left\{ \max\left(\frac{a^U - b^U}{l_{\tilde{a}} - l_{\tilde{b}}},\ 0 \right),\ 1 \right\}$$

为 $\tilde{a} \geqslant \tilde{b}$ 的可能度（Facchinetti et al.，1998）。

（1）利用群体区间判断矩阵中决策方案 l 的各个属性值 $e_{lj}(j = 1,\ \cdots,\ N)$ 建立可能度矩阵 $p^l = (p^l_{j_1 j_2})_{N \times N}$，式中，$p^l_{j_1 j_2} = p(e_{lj_1} \geqslant e_{lj_2})$，利用下列排序公式（徐泽水，2001）：

$$o^l_{j_1} = \frac{\sum\limits_{j_2=1}^{N} p^l_{j_1 j_2} + \dfrac{N}{2} - 1}{N(N-1)}, \quad j_1 = 1,\ 2,\ \cdots,\ N \qquad (4\text{-}29)$$

计算求得排序向量 $O^l = (o_1^l,\ o_2^l,\ \cdots,\ o_N^l)$，再按 o_j^l 的大小对决策方案 l 的各个属性决策值按从小到大的次序进行排序，得到一组区间有序数 $e'_{l1},\ \cdots,\ e'_{lN}$。

（2）利用 UOWA 算子对决策方案 l 的属性决策值进行集结，得到对第 l 个方案的综合区间决策值

$$Z^l = \sum_{j=1}^{N} \omega_j e'_{lj}, \quad l = 1,\ 2 \cdots,\ P$$

（3）计算各方案综合区间决策值之间的可能度

$$p_{l_1 l_2} = p(Z^{l_1} \geqslant Z^{l_2}), \quad l_1,\ l_2 = 1,\ 2 \cdots,\ P$$

并建立可能度矩阵 $p = (p_{l_1 l_2})_{P \times P}$。

（4）利用排序公式（4-29）求出基于可能度矩阵 p 的排序向量

$$O^l = (\ o^1,\quad o^2,\quad \cdots,\quad o^P)\tag{4-30}$$

并按其分量大小对方案进行排序，即得到最优方案。

综合上述分析，下面给出复杂大群体决策偏好集结和方案排序步骤：

步骤 1　利用 4.4.1 节方法将随机变量决策值转化成区间数；

步骤 2　利用 4.4.2 节的区间模糊聚类算法将决策大群体聚类成若干个聚集，聚集中各个决策成员的决策偏好是相近的；

步骤 3　利用定义 4.10、定义 4.11、定义 4.12 构建大群体区间判断矩阵；

步骤 4　根据 UOWA 算子的思想和式（4-28）确定各属性的权重；

步骤 5　根据排序公式（4-29）和 UOWA 算子确定各决策方案的综合排序。

4.4.3　实例分析

考虑航天装备的评估问题。航天设备的评估主要有 8 项评估指标：导弹预警能力、成像侦察能力、通信保障能力、电子侦察能力、卫星测绘能力、导航定位能力、海洋监测能力、气象预报能力。简单起见，本实例中我们只考虑 3 项评估指标：导弹预警能力、通信保障能力和导航定位能力，经分析可知这 3 个指标均为效益型指标。聘请 20 位相关领域的资深专家构成决策大群体 $\Omega = \{m_1, m_2, \cdots, m_{20}\}$ 参与评估决策，各位决策专家给出 3 种航空装备在各评估指标下的评价值的分布函数分别如表 4-14 ~ 表 4-16 所示。

表 4-14　航天装备 1 的三项指标评价数据

专家成员	导弹预警能力	通信保障能力	导航定位能力
m_1	$N(0.155, 0.015^2)$	$N(0.285, 0.0117^2)$	$N(0.455, 0.015^2)$
m_2	$N(0.740, 0.0133^2)$	$N(0.200, 0.0333^2)$	$N(0.360, 0.0133^2)$
m_3	$N(0.200, 0.0167^2)$	$N(0.860, 0.0133^2)$	$N(0.365, 0.0183^2)$
m_4	$N(0.41, 0.030^2)$	$N(0.200, 0.0333^2)$	$N(0.480, 0.0133^2)$
m_5	$N(0.585, 0.015^2)$	$N(0.075, 0.0217^2)$	$N(0.775, 0.0183^2)$
m_6	$N(0.06, 0.0133^2)$	$N(0.675, 0.025^2)$	$N(0.28, 0.0133^2)$

续表

专家成员	导弹预警能力	通信保障能力	导航定位能力
m_7	$N(0.190, 0.020^2)$	$N(0.145, 0.0217^2)$	$N(0.615, 0.025^2)$
m_8	$N(0.800, 0.0167^2)$	$N(0.475, 0.0250^2)$	$N(0.205, 0.0283^2)$
m_9	$N(0.195, 0.0217^2)$	$N(0.215, 0.0217^2)$	$N(0.490, 0.0200^2)$
m_{10}	$N(0.150, 0.0167^2)$	$N(0.885, 0.0050^2)$	$N(0.290, 0.0233^2)$
m_{11}	$N(0.420, 0.0200^2)$	$N(0.230, 0.0167^2)$	$N(0.200, 0.0167^2)$
m_{12}	$N(0.910, 0.0133^2)$	$N(0.200, 0.0333^2)$	$N(0.355, 0.0483^2)$
m_{13}	$N(0.805, 0.0317^2)$	$N(0.385, 0.0217^2)$	$N(0.245, 0.0250^2)$
m_{14}	$N(0.205, 0.0183^2)$	$N(0.500, 0.0233^2)$	$N(0.200, 0.0333^2)$
m_{15}	$N(0.180, 0.0200^2)$	$N(0.590, 0.0267^2)$	$N(0.220, 0.0233^2)$
m_{16}	$N(0.41, 0.0233^2)$	$N(0.230, 0.0167^2)$	$N(0.500, 0.0267^2)$
m_{17}	$N(0.545, 0.0150^2)$	$N(0.825, 0.025^2)$	$N(0.700, 0.0333^2)$
m_{18}	$N(0.165, 0.0250^2)$	$N(0.900, 0.0067^2)$	$N(0.235, 0.0150^2)$
m_{19}	$N(0.795, 0.0150^2)$	$N(0.275, 0.0217^2)$	$N(0.190, 0.0267^2)$
m_{20}	$N(0.39, 0.0167^2)$	$N(0.150, 0.0167^2)$	$N(0.700, 0.0167^2)$

表 4-15 航天装备 2 的三项指标评价数据

专家成员	导弹预警能力	通信保障能力	导航定位能力
m_1	$N(0.260, 0.0133^2)$	$N(0.270, 0.0200^2)$	$N(0.505, 0.0317^2)$
m_2	$N(0.640, 0.0133^2)$	$N(0.2350, 0.0283^2)$	$N(0.350, 0.0167^2)$
m_3	$N(0.305, 0.0150^2)$	$N(0.660, 0.0133^2)$	$N(0.360, 0.0200^2)$
m_4	$N(0.260, 0.0133^2)$	$N(0.225, 0.0350^2)$	$N(0.380, 0.0133^2)$
m_5	$N(0.480, 0.0133^2)$	$N(0.325, 0.0383^2)$	$N(0.855, 0.0117^2)$
m_6	$N(0.185, 0.0217^2)$	$N(0.680, 0.0267^2)$	$N(0.430, 0.0300^2)$
m_7	$N(0.250, 0.0167^2)$	$N(0.225, 0.0150^2)$	$N(0.560, 0.0200^2)$
m_8	$N(0.700, 0.0167^2)$	$N(0.375, 0.0250^2)$	$N(0.230, 0.0400^2)$
m_9	$N(0.250, 0.0367^2)$	$N(0.195, 0.0283^2)$	$N(0.475, 0.0250^2)$
m_{10}	$N(0.215, 0.0217^2)$	$N(0.810, 0.0133^2)$	$N(0.285, 0.0250^2)$

续表

专家成员	导弹预警能力	通信保障能力	导航定位能力
m_{11}	$N(0.390, 0.0300^2)$	$N(0.330, 0.0167^2)$	$N(0.215, 0.0117^2)$
m_{12}	$N(0.875, 0.0250^2)$	$N(0.320, 0.0200^2)$	$N(0.335, 0.0217^2)$
m_{13}	$N(0.800, 0.0333^2)$	$N(0.375, 0.0250^2)$	$N(0.225, 0.0250^2)$
m_{14}	$N(0.210, 0.0233^2)$	$N(0.485, 0.0283^2)$	$N(0.240, 0.0200^2)$
m_{15}	$N(0.270, 0.0233^2)$	$N(0.570, 0.0233^2)$	$N(0.215, 0.0150^2)$
m_{16}	$N(0.56, 0.0400^2)$	$N(0.200, 0.0300^2)$	$N(0.490, 0.0300^2)$
m_{17}	$N(0.470, 0.0233^2)$	$N(0.805, 0.0317^2)$	$N(0.600, 0.0333^2)$
m_{18}	$N(0.170, 0.0233^2)$	$N(0.865, 0.0183^2)$	$N(0.215, 0.0217^2)$
m_{19}	$N(0.670, 0.0400^2)$	$N(0.300, 0.0133^2)$	$N(0.200, 0.0233^2)$
m_{20}	$N(0.45, 0.0167^2)$	$N(0.195, 0.0183^2)$	$N(0.790, 0.0300^2)$

表 4-16   航天装备 3 的三项指标评价数据

专家成员	导弹预警能力	通信保障能力	导航定位能力
m_1	$N(0.075, 0.0183^2)$	$N(0.705, 0.0150^2)$	$N(0.280, 0.0133^2)$
m_2	$N(0.795, 0.0150^2)$	$N(0.275, 0.0217^2)$	$N(0.190, 0.0267^2)$
m_3	$N(0.520, 0.0067^2)$	$N(0.825, 0.0250^2)$	$N(0.700, 0.0333^2)$
m_4	$N(0.170, 0.0233^2)$	$N(0.900, 0.0067^2)$	$N(0.235, 0.0150^2)$
m_5	$N(0.315, 0.0383^2)$	$N(0.475, 0.0217^2)$	$N(0.430, 0.0333^2)$
m_6	$N(0.150, 0.0167^2)$	$N(0.6550, 0.0183^2)$	$N(0.315, 0.0117^2)$
m_7	$N(0.225, 0.0150^2)$	$N(0.235, 0.0183^2)$	$N(0.580, 0.0267^2)$
m_8	$N(0.560, 0.0167^2)$	$N(0.485, 0.0217^2)$	$N(0.180, 0.0267^2)$
m_9	$N(0.205, 0.0183^2)$	$N(0.225, 0.0150^2)$	$N(0.530, 0.0200^2)$
m_{10}	$N(0.300, 0.0333^2)$	$N(0.855, 0.0183^2)$	$N(0.3350, 0.0183^2)$
m_{11}	$N(0.385, 0.0283^2)$	$N(0.295, 0.0283^2)$	$N(0.790, 0.0300^2)$
m_{12}	$N(0.890, 0.0167^2)$	$N(0.225, 0.0250^2)$	$N(0.405, 0.0317^2)$
m_{13}	$N(0.715, 0.0283^2)$	$N(0.370, 0.0233^2)$	$N(0.335, 0.0183^2)$
m_{14}	$N(0.235, 0.0150^2)$	$N(0.480, 0.0267^2)$	$N(0.270, 0.0233^2)$
m_{15}	$N(0.235, 0.0183^2)$	$N(0.590, 0.030^2)$	$N(0.320, 0.0333^2)$
m_{16}	$N(0.395, 0.0050^2)$	$N(0.400, 0.0267^2)$	$N(0.495, 0.0317^2)$
m_{17}	$N(0.355, 0.0183^2)$	$N(0.810, 0.0300^2)$	$N(0.670, 0.0100^2)$
m_{18}	$N(0.170, 0.0233^2)$	$N(0.870, 0.0167^2)$	$N(0.225, 0.0183^2)$
m_{19}	$N(0.775, 0.0217^2)$	$N(0.840, 0.0200^2)$	$N(0.600, 0.0300^2)$
m_{20}	$N(0.355, 0.0183^2)$	$N(0.200, 0.0167^2)$	$N(0.500, 0.0167^2)$

步骤 1　将评价数据转换成区间数：由上面的讨论可知，α 取值越大，信息丢失量越小。α 的具体取值可按各自要求满足的精度选择。此处我们取 $\alpha = 0.9974$，得出各评价值的区间数，如表 4-17 ~ 表 4-19 所示。

表 4-17　航天装备 1 的评价区间数

成员	导弹预警	通信保障	导航定位	成员	导弹预警	通信保障	导航定位
m_1	[0.11, 0.20]	[0.25, 0.32]	[0.41, 0.50]	m_{11}	[0.36, 0.48]	[0.18, 0.28]	[0.15, 0.25]
m_2	[0.70, 0.78]	[0.10, 0.30]	[0.32, 0.40]	m_{12}	[0.87, 0.95]	[0.10, 0.30]	[0.21, 0.50]
m_3	[0.15, 0.25]	[0.82, 0.90]	[0.31, 0.42]	m_{13}	[0.71, 0.90]	[0.32, 0.45]	[0.17, 0.32]
m_4	[0.32, 0.50]	[0.10, 0.30]	[0.44, 0.52]	m_{14}	[0.15, 0.26]	[0.43, 0.57]	[0.10, 0.30]
m_5	[0.54, 0.63]	[0.01, 0.14]	[0.72, 0.83]	m_{15}	[0.12, 0.24]	[0.51, 0.67]	[0.15, 0.29]
m_6	[0.02, 0.10]	[0.60, 0.75]	[0.24, 0.32]	m_{16}	[0.34, 0.48]	[0.18, 0.28]	[0.42, 0.58]
m_7	[0.13, 0.25]	[0.08, 0.21]	[0.54, 0.69]	m_{17}	[0.50, 0.59]	[0.75, 0.90]	[0.60, 0.80]
m_8	[0.75, 0.85]	[0.40, 0.55]	[0.12, 0.29]	m_{18}	[0.09, 0.24]	[0.88, 0.92]	[0.19, 0.28]
m_9	[0.13, 0.26]	[0.15, 0.28]	[0.43, 0.55]	m_{19}	[0.750.84]	[0.21, 0.34]	[0.11, 0.27]
m_{10}	[0.10, 0.20]	[0.87, 0.90]	[0.22, 0.36]	m_{20}	[0.34, 0.44]	[0.10, 0.20]	[0.65, 0.75]

表 4-18　航天装备 2 的评价区间数

成员	导弹预警	通信保障	导航定位	成员	导弹预警	通信保障	导航定位
m_1	[0.22, 0.30]	[0.21, 0.33]	[0.41, 0.50]	m_{11}	[0.30, 0.48]	[0.28, 0.38]	[0.18, 0.25]
m_2	[0.60, 0.68]	[0.15, 0.32]	[0.32, 0.40]	m_{12}	[0.80, 0.95]	[0.26, 0.38]	[0.27, 0.40]
m_3	[0.26, 0.35]	[0.62, 0.70]	[0.30, 0.42]	m_{13}	[0.70, 0.90]	[0.30, 0.45]	[0.15, 0.30]
m_4	[0.22, 0.30]	[0.12, 0.33]	[0.34, 0.42]	m_{14}	[0.14, 0.28]	[0.40, 0.57]	[0.18, 0.30]
m_5	[0.44, 0.52]	[0.21, 0.44]	[0.82, 0.89]	m_{15}	[0.20, 0.34]	[0.50, 0.64]	[0.17, 0.26]
m_6	[0.12, 0.25]	[0.60, 0.76]	[0.34, 0.52]	m_{16}	[0.44, 0.68]	[0.11, 0.29]	[0.40, 0.58]
m_7	[0.20, 0.30]	[0.18, 0.27]	[0.50, 0.62]	m_{17}	[0.40, 0.54]	[0.71, 0.90]	[0.50, 0.70]
m_8	[0.65, 0.75]	[0.30, 0.45]	[0.11, 0.35]	m_{18}	[0.10, 0.24]	[0.81, 0.92]	[0.15, 0.28]
m_9	[0.14, 0.36]	[0.11, 0.28]	[0.40, 0.55]	m_{19}	[0.55, 0.79]	[0.26, 0.34]	[0.13, 0.27]
m_{10}	[0.15, 0.28]	[0.77, 0.85]	[0.21, 0.36]	m_{20}	[0.40, 0.50]	[0.14, 0.25]	[0.70, 0.88]

表 4-19 航天装备 3 的评价区间数

成员	导弹预警	通信保障	导航定位	成员	导弹预警	通信保障	导航定位
m_1	[0.02, 0.13]	[0.66, 0.75]	[0.24, 0.32]	m_{11}	[0.30, 0.47]	[0.21, 0.38]	[0.70, 0.88]
m_2	[0.75, 0.84]	[0.21, 0.34]	[0.11, 0.27]	m_{12}	[0.84, 0.94]	[0.15, 0.30]	[0.31, 0.50]
m_3	[0.50, 0.54]	[0.75, 0.90]	[0.60, 0.80]	m_{13}	[0.63, 0.80]	[0.30, 0.44]	[0.28, 0.39]
m_4	[0.10, 0.24]	[0.88, 0.92]	[0.19, 0.28]	m_{14}	[0.19, 0.28]	[0.40, 0.56]	[0.20, 0.34]
m_5	[0.20, 0.43]	[0.41, 0.54]	[0.33, 0.53]	m_{15}	[0.18, 0.29]	[0.50, 0.68]	[0.22, 0.42]
m_6	[0.10, 0.20]	[0.60, 0.71]	[0.28, 0.35]	m_{16}	[0.38, 0.41]	[0.32, 0.48]	[0.40, 0.59]
m_7	[0.18, 0.27]	[0.18, 0.29]	[0.50, 0.66]	m_{17}	[0.30, 0.41]	[0.72, 0.90]	[0.64, 0.70]
m_8	[0.51, 0.61]	[0.42, 0.55]	[0.10, 0.26]	m_{18}	[0.10, 0.24]	[0.82, 0.92]	[0.17, 0.28]
m_9	[0.15, 0.26]	[0.18, 0.27]	[0.47, 0.59]	m_{19}	[0.71, 0.84]	[0.78, 0.90]	[0.51, 0.69]
m_{10}	[0.20, 0.40]	[0.80, 0.91]	[0.28, 0.39]	m_{20}	[0.30, 0.41]	[0.15, 0.25]	[0.45, 0.55]

步骤 2 阈值 λ 的选择可根据具体要聚成的聚集数进行选择, 此处取阈值 $\lambda = 0.02$, 分别得到决策大群体 Ω 关于航天装备 1、装备 2、装备 3 的聚类结果, 如表 4-20 ~ 表 4-22 所示。

表 4-20 航天装备 1 的大群体分类结果

聚集	聚集中的成员	成员数	聚集区间判断矩阵
C^1	m_1, m_9	2	([0.13, 0.20] [0.25, 0.28] [0.43, 0.50])
C^2	m_2	1	([0.70, 0.80] [0.10, 0.30] [0.32, 0.40])
C^3	m_3, m_7, m_{10}	3	([0.15, 0.20] [0.00, 0.00] [0.00, 0.00])
C^4	m_4, m_{16}	2	([0.34, 0.48] [0.18, 0.28] [0.44, 0.52])
C^5	m_5	1	([0.54, 0.63] [0.01, 0.14] [0.72, 0.83])
C^6	m_6	1	([0.02, 0.10] [0.60, 0.75] [0.24, 0.32])
C^7	m_8, m_{13}, m_{19}	3	([0.75, 0.84] [0.00, 0.00] [0.17, 0.27])
C^8	m_{11}	1	([0.36, 0.48] [0.18, 0.28] [0.15, 0.25])
C^9	m_{12}	1	([0.87, 0.95] [0.10, 0.30] [0.21, 0.50])
C^{10}	m_{14}, m_{15}	2	([0.15, 0.24] [0.51, 0.57] [0.15, 0.29])
C^{11}	m_{16}	1	([0.34, 0.48] [0.18, 0.28] [0.42, 0.58])
C^{12}	m_{17}	1	([0.50, 0.59] [0.75, 0.90] [0.60, 0.80])
C^{13}	m_{18}	1	([0.09, 0.24] [0.88, 0.92] [0.19, 0.28])
C^{14}	m_{20}	1	([0.34, 0.44] [0.10, 0.20] [0.65, 0.75])

表 4-21　航天装备 2 的大群体分类结果

聚集	聚集中的成员	成员数	聚集区间判断矩阵
C^1	m_1，m_4，m_7，m_9	4	$([0.22,0.30]\ [0.21,0.27]\ [0.50,0.42])$
C^2	m_2，m_8，m_{12}，m_{13}，m_{19}	5	$([0.00,0.00]\ [0.30,0.32]\ [0.00,0.00])$
C^3	m_{13}	1	$([0.26,0.35]\ [0.62,0.70]\ [0.30,0.42])$
C^4	m_5，m_{20}	2	$([0.44,0.50]\ [0.21,0.25]\ [0.82,0.88])$
C^5	m_6	1	$([0.12,0.25]\ [0.60,0.76]\ [0.34,0.52])$
C^6	m_{10}，m_{18}	2	$([0.15,0.24]\ [0.81,0.85]\ [0.21,0.28])$
C^7	m_{11}	1	$([0.30,0.48]\ [0.28,0.38]\ [0.18,0.25])$
C^8	m_{14}，m_{15}	2	$([0.20,0.28]\ [0.50,0.57]\ [0.18,0.26])$
C^9	m_{16}	1	$([0.44,0.68]\ [0.11,0.29]\ [0.40,0.58])$
C^{10}	m_{17}	1	$([0.40,0.54]\ [0.71,0.90]\ [0.50,0.70])$

表 4-22　航天装备 3 的大群体分类结果

聚集	聚集中的成员	成员数	聚集区间判断矩阵
C^1	m_1，m_5，m_6，m_{14}，m_{15}，m_{16}	6	$([0.00,0.00]\ [0.00,0.00]\ [0.00,0.00])$
C^2	m_2	1	$([0.75,0.84]\ [0.21,0.34]\ [0.11,0.27])$
C^3	m_3	1	$([0.50,0.54]\ [0.75,0.90]\ [0.60,0.80])$
C^4	m_4，m_{18}	2	$([0.10,0.24]\ [0.88,0.92]\ [0.19,0.28])$
C^5	m_7	1	$([0.18,0.27]\ [0.18,0.29]\ [0.50,0.66])$
C^6	m_8	1	$([0.51,0.61]\ [0.42,0.55]\ [0.10,0.26])$
C^7	m_9	1	$([0.15,0.26]\ [0.18,0.27]\ [0.47,0.59])$
C^8	m_{10}	1	$([0.20,0.40]\ [0.80,0.91]\ [0.28,0.39])$
C^9	m_{11}	1	$([0.30,0.47]\ [0.21,0.38]\ [0.70,0.88])$
C^{10}	m_{12}	1	$([0.84,0.94]\ [0.15,0.30]\ [0.31,0.50])$
C^{11}	m_{13}	1	$([0.63,0.80]\ [0.30,0.44]\ [0.28,0.39])$
C^{12}	m_{17}	1	$([0.30,0.40]\ [0.72,0.90]\ [0.64,0.70])$
C^{13}	m_{19}	1	$([0.71,0.84]\ [0.78,0.90]\ [0.51,0.69])$
C^{14}	m_{20}	1	$([0.30,0.41]\ [0.15,0.25]\ [0.45,0.55])$

步骤 3　根据定义 4-10 和定义 4-11，分别计算群体 Ω 对装备 1、装备 2、装备 3 的区间判断向量

$$E^1 = ([0.3850, 0.4835][0.2390, 0.3165][0.2995, 0.4070])$$

$$E^2 = ([0.1990, 0.2770][0.3850, 0.4525][0.3070, 0.3495])$$

$$E^3 = ([0.2785, 0.3635][0.3305, 0.4135][0.2665, 0.3620])$$

得到群体区间判断矩阵如下:

$$E = \begin{pmatrix} [0.3850, 0.4835][0.2390, 0.3165][0.2995, 0.4070] \\ [0.1990, 0.2770][0.3850, 0.4525][0.3070, 0.3495] \\ [0.2785, 0.3635][0.3305, 0.4135][0.2665, 0.3620] \end{pmatrix}$$

步骤4 确定指标权重向量。选择模糊语义量化准则:"大多数",则算子 Q 中参数对 $(a, b) = (0.3, 0.8)$,由此解得权重向量

$$\omega = (0.0667, 0.0666, 0.2667)^{\mathrm{T}}$$

步骤5 利用群体区间判断矩阵 E 建立可能度矩阵

$$p^1 = \begin{bmatrix} 0.5 & 1 & 1 \\ 0 & 0.5 & 0 \\ 0 & 1 & 0.5 \end{bmatrix}, \quad p^2 = \begin{bmatrix} 0.5 & 0 & 0 \\ 1 & 0.5 & 0.8106 \\ 1 & 0.1894 & 0.5 \end{bmatrix},$$

$$p^3 = \begin{bmatrix} 0.5 & 0.6667 & 0.6921 \\ 0.3333 & 0.5 & 0.6014 \\ 0.3079 & 0.3986 & 0.5 \end{bmatrix}$$

由排序公式(4-29)求得上述3个可能度矩阵的排序向量分别为

$$O^1 = (0.5, 0.1667, 0.3333), \quad O^2 = (0.1667, 0.4684, 0.3649),$$

$$O^3 = (0.3932, 0.3224, 0.2844)$$

按加权向量 ω 的大小对指标进行排序,根据 UOWA 算子的定义有

$$Z^1(O^1) = [0.2644, 0.3484], \quad Z^2(O^2) = [0.3097, 0.3902],$$

$$Z^3(O^3) = [0.2957, 0.3567]$$

步骤6 选择模糊语义量化准则:"大多数",则算子 Q 中参数对 $(a, b) = (0.3, 0.8)$,由此得加权向量为 $\omega = (0.0667, 0.0666, 0.2667)^{\mathrm{T}}$。利用区间数 $Z^1(O^1)$、$Z^2(O^2)$、$Z^3(O^3)$ 建立可能度矩阵 $p = \begin{bmatrix} 0.5 & 0.2353 & 1 \\ 0.7647 & 0.5 & 1 \\ 0 & 0 & 0.5 \end{bmatrix}$,

求得装备排序向量为 $O = (0.3725, 0.4608, 0.1667)$。由此可知三种航天装备的排序为：装备 2>装备 1>装备 3，所以装备 2 为最佳航天装备。

　　针对决策成员偏好信息为连续型随机变量的多属性决策问题，将随机偏好值转化成区间数，把实数范围内的模糊聚类算法扩展到区间数上，对决策成员偏好进行聚类形成聚集结构。在此基础上，建立并计算群体中各个聚集和整个群体的区间判断矩阵，然后利用 UOWA 算子获得决策方案的综合排序。在实际问题中，要给出决策群体的一个具体聚类结果，就要求在聚类分析中选择最佳阈值，本节的阈值选取具有一定的主观性，如何寻求最佳阈值，这一问题有待今后解决。此外，本节主要采用静态的偏好集结模型，而随机多属性群决策实际上是一个信息反复交流最终达成一致的交互式动态过程，因此如何建立一个交互式动态的偏好集结模型将成为解决不确定条件下的随机多属性群决策问题的新突破口。

4.5　基于关系偏好信息的复杂大群体
决策偏好集结模型

　　特大自然灾害突发事件应急决策环境复杂，决策者面临的不确定因素之间的关系呈现复杂的关联性，且多为非线性关系，使得决策偏好信息之间往往存在各种各样的复杂关系。本节针对多方案排序决策问题，基于偏好信息之间的二元关系，利用现有的关于属性关联关系给出的决策方法（Carlsson and Fuller, 1995; 1996; 2000; Chen and Tzeng, 2004; Jahanshahloo et al., 2006; 章玲, 2007; 许永平等, 2010）、本书第 2 章的决策偏好中属性之间相互存在关系的成员偏好相聚模型和复杂大群体偏好聚类模型与方法，提出了基于决策偏好中属性二元关系的决策偏好集结方法和决策方案排序方法，形成相应的复杂大群体偏好集结模型。

4.5.1　基于属性二元关系的群体偏好集结

　　首先把决策成员的偏好矢量 V^i 按照关系 R 形成关系矩阵 A^i，记基于 R 的

关系矩阵集合为 $A = \{A^i \mid i = 1, 2, \cdots, M\}$，再利用基于 R 的相聚度模型采用聚类方法进行决策成员偏好矢量聚类。引入阈值 γ，基于式（2-12）偏好矢量相聚度模型 $r_{ij}(V^i, V^j) = \dfrac{1}{\sqrt{N}} \cdot \dfrac{\|A^i + A^j\|_2}{\|A^i\|_\infty + \|A^j\|_\infty}$，对所有成员偏好矢量集 $\Omega = \{V^i \mid i = 1, 2, \cdots, M\}$ 进行聚类，形成 $K(1 \leqslant K \leqslant M)$ 个聚集并构成聚集结构，若 n_k 是属于第 k 个聚集的偏好矢量个数，则 $\displaystyle\sum_{k=1}^{K} n_k = M$，聚集 C^k 中决策成员的偏好相对接近。

对于第 k 个聚集 C^k，通过其成员的偏好矢量计算该聚集的偏好矢量。首先计算 $h^k = \displaystyle\sum_{V^i \in C^k} V^i$，则聚集 C^k 的偏好矢量为：$E^k = h^k / |h^k|$，其中，$|h^k|$ 为聚集 C^k 偏好矢量的模长。再计算整个群体的偏好矢量，首先计算 $e = \displaystyle\sum_{k=1}^{K} \dfrac{n_k}{m} \cdot E^k$，则整个大群体 Ω 的偏好矢量为

$$E = e / |e| \tag{4-31}$$

式中，$|e|$ 为群体 Ω 偏好矢量的模长。

4.5.2 基于属性二元关系的属性权重

传统的利用专家打分确定决策属性的权重虽然比较方便，但当群体成员增多时，不同成员的偏好和价值取向的差异将带来主观性偏差问题，往往难于较准确地确定每个属性的权重，本节基于决策属性的二元关系 R，采用定量方法确定决策属性的权重。

定义 4.13 两个关系矩阵的加法定义如下

$$A^{i_1}(R) + A^{i_2}(R) = A(\min(a_{j_1 j_2}^{i_1}, a_{j_1 j_2}^{i_2}))_{N \times N}$$

定义 4.14 群体关系矩阵。对于第 i 个决策成员的偏好矢量 V^i 及 N 元偏好矢量 $V^i = (v_1^i, v_2^i, \cdots, v_N^i)$ 上的属性二元关系 R，并且 $A^i(R)$ 为第 i 个决策成员满足关系 R 的关系矩阵，则基于二元关系 R 的群体关系矩阵为

$$A(R) = A^{i_1}(R) + A^{i_2}(R) + \cdots + A^{i_M}(R) \tag{4-32}$$

设 W 是基于二元关系 R 的决策属性的权重，则

$$A(R) \cdot W = \lambda_{\max} \cdot W \tag{4-33}$$

式中，$A(R) = \begin{pmatrix} a_{11} & a_{12} & \cdots & a_{1N} \\ a_{21} & a_{22} & \cdots & a_{2N} \\ \vdots & \vdots & & \vdots \\ a_{N1} & a_{N2} & \cdots & a_{NN} \end{pmatrix}$，$W = (w_1, w_2, \cdots, w_N)^{\mathrm{T}}$；$\lambda_{\max}$ 为群体关

系矩阵 $A(R)$ 的最大特征值；W 为 $\lambda_{\max}$ 对应的特征向量。

4.5.3　基于属性二元关系的决策方案排序

对于 M 个决策成员，按照属性二元关系 R 对群体成员偏好矢量集 $\Omega = \{V^i\}$ 进行聚类，得到 K 个聚集，利用式（4-31）可以获得大群体偏好矢量为 $E = (e_1, e_2, \cdots, e_N)$。现设决策问题存在 P 个决策方案，构成方案集 $\{x_1, x_2, \cdots, x_P\}$，对其中每个方案 x_l（其中 $l = 1, 2, \cdots, P$），采用以上方法可以获得相应的大群体偏好矢量为 $E^l = (e_1^l, e_2^l, \cdots, e_N^l)^{\mathrm{T}}$，它们构成大群体偏好矩阵（仍记为 E）

$$E = (E^1, E^2, \cdots, E^P) = \begin{pmatrix} e_{11} & e_{21} & \cdots & e_{P1} \\ e_{12} & e_{22} & \cdots & e_{P2} \\ \vdots & \vdots & & \vdots \\ e_{1N} & e_{2N} & \cdots & e_{PN} \end{pmatrix} \tag{4-34}$$

结合上述属性权重，可得决策方案排序向量为

$$O = W^{\mathrm{T}} \cdot E = (w_1, w_2, \cdots, w_N) \cdot \begin{pmatrix} e_{11} & e_{21} & \cdots & e_{P1} \\ e_{12} & e_{22} & \cdots & e_{P2} \\ \vdots & \vdots & & \vdots \\ e_{1N} & e_{2N} & \cdots & e_{PN} \end{pmatrix}$$

$$= (O_1, O_2, \cdots, O_P) \tag{4-35}$$

向量 O 中分量数据的最大者对应最优决策方案。

4.5.4 应用案例及结果分析

利用第8章案例数据，针对湖南省冰雪灾害应急管理能力评价问题，对湖南省5个城市（长沙市、株洲市、湘潭市、娄底市、郴州市）应急管理能力进行评价，每个城市根据当地实际情况聘请具有代表性的30个领域专家，构成群体 Ω，评价指标划分为三个层次：第三层61个指标、第二层20个指标、第一层6个指标，通过对61个三级评价指标进行调研和专家打分，逐级别汇集得到6个一级评价指标（抗冰救灾指挥部应急能力、气象部门监测与预警能力、居民应急反应能力、电力部门应急能力、运输管理部门应急能力、其他部门应急能力）。决策问题提出者根据决策目标制定，确定属性之间二元关系 R 描述为：$\log(x_1 + x_2) \geq 0.5$，$(x_1, x_2) \in R$，即属性之间的二元关系表示两个属性评价值之和的对数不小于0.5。

将上述评价指标与本方法中的决策属性对应，可得上述问题的6个属性，记为属性 A_1、属性 A_2、属性 A_3、属性 A_4、属性 A_5、属性 A_6，将评价城市与决策方案对应，于是得到5个决策方案，构成决策方案集 $\{x_1, x_2, x_3, x_4, x_5\}$，分别对应于长沙市、株洲市、湘潭市、娄底市、郴州市。上述30个专家分别对应地评价5个城市应急管理能力，可得到30个偏好矢量 $\{V^i \mid i = 1, 2, \cdots, 30\}$，其中长沙市 $\{V^1, \cdots, V^6\}$、株洲市 $\{V^7, \cdots, V^{13}\}$、湘潭市 $\{V^{14}, \cdots, V^{18}\}$、娄底市 $\{V^{19}, \cdots, V^{24}\}$、郴州市 $\{V^{25}, \cdots, V^{30}\}$。为了计算方便，将偏好矢量表的元素值标准化为 $[0, 1]$，做线性变换 $z_{ij} = \dfrac{y_j^{\max} - y_{ij}}{y_j^{\max} - y_j^{\min}}$，得到决策专家成员偏好矢量集，仍记为 $\Omega = \{V^i \mid i = 1, 2, \cdots, 30\}$，如表4-23所示。

表4-23 群体成员偏好矢量

序	A_1	A_2	A_3	A_4	A_5	A_6	序	A_1	A_2	A_3	A_4	A_5	A_6
V^1	0.8452	0.9037	1.0000	1.0000	0.8003	0.9316	V^4	1.0000	0.0000	0.3151	0.1609	0.5933	0.0432
V^2	0.4410	0.6640	0.4722	0.6227	0.5933	0.6010	V^5	0.6810	0.9374	0.6152	0.8043	0.7031	1.0000
V^3	0.8613	0.7228	0.7569	0.3666	0.7118	0.9731	V^6	0.1113	1.0000	0.0000	0.1963	0.3100	0.5725

续表

序	A_1	A_2	A_3	A_4	A_5	A_6	序	A_1	A_2	A_3	A_4	A_5	A_6
V^7	0.6206	0.7769	0.4711	0.5180	0.3172	0.4194	V^{19}	0.3143	0.5832	0.2989	0.5299	0.5164	0.5081
V^8	0.9055	0.9256	0.6170	0.8522	1.0000	0.7818	V^{20}	0.4028	0.4724	0.5855	0.6682	0.2282	0.2655
V^9	1.0000	0.8582	0.7363	0.8865	0.5421	0.8721	V^{21}	0.1709	0.5211	0.5311	0.4885	0.6750	0.4585
V^{10}	0.9786	0.7769	0.8008	0.7156	0.5039	0.4552	V^{22}	0.3787	0.3590	0.5821	0.6943	0.2282	0.4503
V^{11}	0.3351	0.2397	0.2104	0.2844	0.2282	0.2720	V^{23}	0.0657	0.0958	0.4122	0.0875	0.0000	0.1319
V^{12}	0.1273	0.6164	0.4122	0.3690	0.1098	0.4389	V^{24}	0.2145	0.9609	0.4122	0.7516	0.7273	0.8241
V^{13}	0.0000	0.2996	0.3252	0.4216	0.1683	0.2370	V^{25}	0.3532	0.2397	0.5049	0.0000	0.2969	0.0000
V^{14}	0.4397	0.4730	0.3241	0.3034	0.4352	0.6344	V^{26}	0.4584	0.4318	0.6459	0.7516	0.8090	0.9560
V^{15}	0.5536	0.6292	0.6152	0.6836	0.7534	0.8070	V^{27}	0.2862	0.2397	0.5345	0.5186	0.2282	0.1792
V^{16}	0.3338	0.0813	0.4122	0.1254	0.1098	0.6344	V^{28}	0.3311	0.4318	0.4722	0.6138	0.5933	0.7085
V^{17}	0.8311	0.8716	0.4711	0.6387	0.5933	0.6360	V^{29}	0.5938	0.6956	0.6197	0.0124	0.4836	0.4568
V^{18}	0.3847	0.8716	0.3316	0.3034	0.4352	0.6344	V^{30}	0.5724	0.3371	0.4122	0.7167	0.2282	0.6344

步骤 1　取聚类阈值 $\gamma = 0.9$，利用第 2 章的基于 R 的成员偏好矢量相聚度模型 $r_{i_1 i_2}(V^{i_1},\ V^{i_2}) = \dfrac{1}{\sqrt{N}} \cdot \dfrac{\|A^{i_1} + A^{i_2}\|_2}{\|A^{i_1}\|_\infty + \|A^{i_2}\|_\infty}$，分别对各个城市的评价专家成员偏好矢量集进行聚类，可得聚集结构，详细结果如表 4-24 所示。

表 4-24　基于关系 R，$\gamma = 0.9$ 时的群体成员偏好聚类表

被评城市	n_k	聚集成员 V^i	聚集偏好矢量 E^k	群体偏好矢量 E
长沙市	2	V^1, V^2	(0.3540, 0.4314, 0.4052, 0.4466, 0.3835, 0.4218)	(0.4352, 0.4741, 0.3329, 0.3257, 0.4075, 0.4504)
	1	V^6	(0.0916, 0.8234, 0.0000, 0.1616, 0.2553, 0.4714)	
	2	V^3, V^4	(0.6520, 0.2532, 0.3755, 0.1848, 0.4571, 0.3560)	
	1	V^5	(0.3465, 0.4770, 0.3130, 0.4093, 0.3578, 0.5088)	
株洲市	4	V^7,　V^{11},　V^{12}, V^{13}	(0.3126, 0.5577, 0.4095, 0.4597, 0.2377, 0.3946)	(0.3940, 0.5108, 0.3970, 0.4461, 0.2860, 0.3814)
	1	V^8	(0.4319, 0.4415, 0.2943, 0.4065, 0.4770, 0.3729)	
	1	V^9	(0.4927, 0.4229, 0.3628, 0.4368, 0.2671, 0.4297)	
	1	V^{10}	(0.5491, 0.4360, 0.4494, 0.4016, 0.2828, 0.2554)	

续表

被评城市	n_k	聚集成员 V^i	聚集偏好矢量 E^k	群体偏好矢量 E
湘潭市	3	V^{14}, V^{16}, V^{15}	(0.3796, 0.3385, 0.3866, 0.3182, 0.3714, 0.5938)	(0.3924, 0.4482, 0.3449, 0.3189, 0.3665, 0.5386)
	1	V^{17}	(0.4934, 0.5175, 0.2797, 0.3792, 0.3523, 0.3776)	
	1	V^{18}	(0.2949, 0.6682, 0.2542, 0.2326, 0.3336, 0.4863)	
娄底市	5	V^{19}, V^{20}, V^{21}, V^{22}, V^{23}	(0.2731, 0.4163, 0.4939, 0.5059, 0.3377, 0.3718)	(0.2508, 0.4449, 0.4560, 0.4995, 0.3557, 0.3939)
	1	V^{24}	(0.1257, 0.5631, 0.2415, 0.4404, 0.4262, 0.4829)	
郴州市	6	V^{25}, V^{26}, V^{27}, V^{28}, V^{29}, V^{30}	(0.4076, 0.3490, 0.5197, 0.4024, 0.3635, 0.3845)	(0.4076, 0.3490, 0.5197, 0.4024, 0.3635, 0.3845)

步骤 2 利用表 4-24 最后一列数据，得到评价群体的偏好矩阵为

$$
E = \begin{bmatrix}
0.4352 & 0.3940 & 0.3924 & 0.2508 & 0.4076 \\
0.4741 & 0.5108 & 0.4482 & 0.4449 & 0.3490 \\
0.3329 & 0.3970 & 0.3449 & 0.4560 & 0.5197 \\
0.3257 & 0.4461 & 0.3189 & 0.4995 & 0.4024 \\
0.4075 & 0.2860 & 0.3665 & 0.3557 & 0.3635 \\
0.4504 & 0.3814 & 0.5386 & 0.3939 & 0.3845
\end{bmatrix}
$$

步骤 3 由表 4-23 根据第 2 章属性关系定义可以求出相应的基于关系 R 的属性关系矩阵 $A^i(R)$，组成关系矩阵集合 $\{A^i(R) \mid i = 1, 2, \cdots, 30\}$。再利用定义 4.13 和式（4-32）求得群体关系矩阵

$$A(R) = \sum_{i=1}^{30} A^i(R) = \begin{pmatrix} 1 & 0 & 1 & 1 & 0 & 1 \\ 0 & 1 & 1 & 0 & 1 & 1 \\ 1 & 0 & 1 & 1 & 0 & 1 \\ 1 & 1 & 1 & 1 & 1 & 1 \\ 0 & 1 & 0 & 1 & 0 & 1 \\ 1 & 1 & 1 & 0 & 1 & 1 \end{pmatrix}$$

再利用式（4-33）的属性权重算法，计算得属性权重为

$$W = (0.2467, \quad 0.1680, \quad 0.1374, \quad 0.0031, \quad 0.2761, \quad 0.1732)^{\mathrm{T}}$$

步骤 4　利用式（4-35）的决策方案排序算法，得到 5 个城市应急管理能力排序向量为：$O = W^{\mathrm{T}} \cdot E = (0.4243, 0.3840, 0.4150, 0.3673, 0.3988)$。

从排序向量结果可以看出最大值为 0.4243，即长沙市的重大冰雪自然灾害应急管理能力最好，其他城市依次为湘潭市、郴州市、株洲市、娄底市。

本节从特大自然灾害实际问题出发，分析应急决策问题的一些新特点，总结出决策属性之间具有复杂关系的新问题，从比较简单的二元关系出发，给出了基于属性二元关系的关系矩阵，在此基础上利用第 2 章中的两个成员偏好矢量之间的相聚度模型，进一步提出了基于属性二元关系大群体成员偏好集结方法、决策属性权重方法及决策方案排序方法，并以湖南省重大冰雪灾害应急能力评价为案例进行了应用。本节考虑的二元关系是一个尝试，可在今后通过模拟或实验推广到其他关系或模糊关系等，另外若决策属性个数 $N \to \infty$，则相聚度 $r_{i_1 i_2}(V^{i_1}, V^{i_2}) \to 1$，即属性个数 N 很大时，所有决策成员被分到一个聚集，因此决策属性数量与聚集结构存在一定关系，今后须进一步揭示其规律。

4.6　本 章 小 结

本章是前一章的扩展，在第 2 章的基础上根据复杂大群体成员决策偏好信息的不确定性提出的偏好集结模型，针对成员决策偏好信息不同形式的不确定

性，如效用值偏好信息、残缺值偏好信息、不确定语言值信息、随机值偏好信息和关系偏好信息，分别提出了相应的复杂大群体偏好集结模型和方法，并通过算例和案例进行了验证和应用。

第5章　复杂大群体决策偏好冲突协调模型

在群体决策中，需要两个步骤来获得最优解：冲突协调过程与选择过程（Herrera-Viedma et al.，2005）。冲突协调过程是决策专家如何通过协调减少群体间的冲突从而获得最大限度的一致性或者共识的过程（Fodor and Roubens，1994；Herrera et al.，1996；Herrera-Viedma et al.，2002；Kacprzyk et al.，1997）；选择过程是如何从专家给出的观点（偏好）中获得最佳决策方案的过程。很明显，在采取选择过程之前，成员间达到较低的冲突程度是最可取的情形，实际上复杂大群体冲突协调与"和谐管理"理论存在关系，因此本章针对求解决策问题，在和谐管理理论框架下研究复杂大群体决策偏好冲突协调模型，在此基础上形成相应的协调机制。

5.1　复杂大群体偏好冲突协调原理

冲突协调过程是一个动态的和交互的程序化模型驱动与群体研讨冲突消解的过程，通过协调机制使他们的偏好达到接近一致。在这个协调机制中，通过冲突测度模型来测度成员的实际冲突水平与理想冲突状态的距离。如果实际冲突水平是不可接受的，如冲突水平高于某一阈值，将促使决策成员对他们的偏好进行进一步的讨论，从而使其偏好之间更为接近。相反，如果冲突水平是可接受的，就可转入选择过程，从而获得一个最终的接近一致的整个大群体的偏好。

在复杂大群体决策中，决策成员之间的差异化程度可能比较大，不大可能使用展现与消解所有个体成员之间的冲突，实现群体成员意见的完全一致。但可以在对决策群体的偏好进行结构分析的基础上找到冲突协调的途径。本章借助第2章的偏好聚类分析方法，将群体成员偏好聚类成若干个聚集，通过分析聚集之间的差异化冲突，来分析群体冲突。在对决策群体聚类后首先对产生的不同聚集的特点（包括聚集的数量、各个聚集中决策成员数量等）进行分析，并在聚集的基础上组建聚集群体，进行群体冲突测度与分析协调。

"和谐管理理论"是组织为了达到其目标，在变动的环境中围绕和谐主题的分辨，以优化和不确定性为手段提供问题解决方案的实践活动（席酉民等，2009）。其基本思想为在"问题导向"基础上的"优化设计"与"人的能动作用"双规则的互动耦合机制（井辉和席酉民，2006）。和谐管理由处于中心地位的和谐主题以及相应的问题解决方法"和则"与"谐则"两部分组成。

在群体决策中，决策方案选优即为"和谐主题"，群体决策方法的运用即为"谐则"的运用，群体成员之间的信息沟通、权利与责任的分配、谈判协调为"和则"的运用。在多属性决策问题的复杂大群体决策中，群体冲突协调为群体决策的一个重要的组成部分，因此将寻求的群体偏好为"和谐主题"；程序化的模型驱动机制为"谐则"；而整个群体冲突协调过程中的冲突消解作为"和则"，是一种沟通协调机制。"谐则"与"和则"有机相结合，类似于一个有机的统一体，在该统一体的一端，严格地体现为程序化的模型驱动机制，而另一端则体现为冲突消解的非程序化协调机制，中间部分则是二者的耦合。

整个群体冲突协调过程，围绕着"和谐主题"（群体偏好），以"谐则"（程序化的模型驱动）的运用为主框架，同时在"谐则"运用过程中通过"和则"（冲突消解）的积极配合，实现对"和谐主题"的求解。在整个"和谐主题"求解过程中，虽然"谐则"为主框架，但更多的是"和则"与"谐则"的相互结合，实现两者的耦合，只有通过"和则"不断消除群体成员之间的冲突和不确定性，"谐则"才能有效地运行，如图5-1所示。

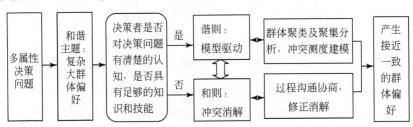

图 5-1　复杂大群体偏好冲突协调原理示意图

5.2　程序化模型驱动——"谐则"实现

5.2.1　多属性大群体决策问题描述

考虑求解决策问题，存在 N 个属性，群体 Ω 中有 M 个决策成员，决策成员 i 对第 j 个决策属性的决策值为 v_{ij}（其中 $v_{ij} \geqslant 0$，$i = 1, 2, \cdots, M$；$j = 1, 2, \cdots, N$），则第 i 个成员决策偏好矢量为 $V^i = (v_{i1}, v_{i2}, \cdots, v_{iN})$，需要得出整个群体对决策问题的足够低冲突水平的偏好矢量。

各个决策成员依据决策问题的属性提供他们对决策问题的决策偏好矢量，在此基础上对决策偏好矢量集进行结构化分析。在手段上首先对偏好矢量集进行聚类，形成若干个聚集；然后对聚类的结果进行结构分析（主要包括聚集的数量以及聚集的大小），分析是否存在普遍性冲突、群体思维或少数人意见。组建聚集群体，构建群体冲突测度分析模型，并进行聚集群体冲突分析。如果通过计算获得的群体冲突指标值超过了设定的群体冲突指标阈值，则说明聚集群体间存在较大的冲突，就需要启动冲突消解程序。

5.2.2　复杂大群体偏好结构分析

1. 复杂大群体决策偏好聚类目的

（1）决策群体规模大，决策人员偏好之间的差异大，不能也无法实现所有决策成员偏好的高度一致，为此需要对群体偏好进行结构性分析。首先对决策成员偏好进行聚类，根据聚类的结果，形成聚集偏好的基本一致性要求，进而实现群体偏好的接近一致性要求。

（2）对聚类的结果形成的聚集结构进行分析，即分析各个聚集以及聚集中成员的组成特点，分析聚集之间是否存在普遍性的冲突、是否存在群体思维、是否存在少数决策人员意见，从而引导群体协调，进而达成更高的群体偏好一致性。

（3）减少协调难度。通过聚类可以发现群体冲突往往是存在于聚集间的冲突，其冲突规模较之整个群体冲突规模小，便于协调与控制，并能够取得较好的协调结果。

2. 复杂大群体聚类方法

将决策成员偏好矢量集 $\{V^i \mid i=1, 2, \cdots, M\}$ 按照第 2 章的聚类方法进行聚类，可得到 K（$0 \leqslant K \leqslant M$）个聚集 $\{C^k \mid k=1, 2, \cdots, K\}$，其中聚集 C^k 中的成员数为 n_k。

聚集偏好矢量为

$$G^k = \sum_{V^i \in C^k} V^i \Big/ \left\| \sum_{V^i \in C^k} V^i \right\|_2 \tag{5-1}$$

群体偏好矢量为

$$E = \frac{\sum_{k=1}^{K} \dfrac{n_k}{M} G^k}{\left\| \sum_{k=1}^{K} \dfrac{n_k}{M} G^k \right\|_2} \tag{5-2}$$

同一个聚集（或簇）内的成员偏好矢量之间具有较高的偏好一致性与较低的冲突程度，而聚集之间可能具有相对较低的偏好一致性与较高的冲突程度。

3. 复杂大群体聚类结果分析

聚类的结果是在群体成员偏好矢量集中形成若干个聚集，涉及的分析参数为聚集数与各聚集内的成员数。

1）聚类后的聚集数分析

一些有关群体规模与决策质量关系的研究得到了有益的结论，群体大小、任务类型和群体成员意见一致性是 GDSS 实验研究中的主要权变因素，设计 GDSS 时需重点考虑的首要因素就是群体规模（Dennis et al. , 1990；Gallupe et al. ，1992；O'Leary，1998）。宋光兴和杨槐（2000）提出群体决策中 5～11 人最有效，能得出较正确的结论；2～5 人能得到一致意见；规模大的群体意见不一致性可能增加，但与人数并不成正比增长，这可能是产生相关的小群体造成的；4～5人的群体易感满意；若以意见一致为重点，2～5 人合适；若以质量一致为重点，5～11 人合适。

聚类后的聚集个数即为群决策的规模，聚集的个数受到群体的规模以及问题属性规模的影响。群体成员或问题属性规模越大，聚类后形成的聚集就有可能越多，同时聚集越多说明群体成员间意见越分散，存在冲突的可能性越大。对聚类后的聚集个数 K 进行分析，如果 $K>\xi$（其中 ξ 为根据群体规模与决策质量关系的研究结论以及决策问题的特点，并根据实际情况设定的最大聚集数），则说明聚集偏好分布较为分散，群体中聚集之间存在普遍性冲突。在这种情况下有必要对所有群体成员进行进一步的沟通与协调，要求相关成员修订其偏好矢量。如果聚类后聚集数量较少，如 $K \leqslant 2$，则说明决策群体存在较高的偏好一致性，尤其是在群决策的初期，由复杂大群体决策的特点可知，这一较高的一致性一般为不正常的现象，有时是由"群体思维"造成的，因此有必要对聚集的特点进行分析，分析是否存在"群体思维"，如果存在"群体思维"，必须通过相应的方法，消解"群体思维"。

2）聚集内的成员数分析

如果聚集 C^k 中的成员数 $n_k \leqslant 2$，则说明聚集 C^k 中群体成员个数较少，聚集 C^k所反映的是少数人意见。少数人聚集中的成员组成一般有以下几种类型。

第一类：高层领导，他们对全局情况掌握比较多，考虑问题周到全面，发表意见通常会有独到之处；第二类：领域专家，他们的意见一般都经过深思熟虑，或经过科学论证；第三类：年轻成员，他们具有初生牛犊不怕虎的勇气，受其他人影响较小；第四类：具有特立独行个性的成员，他们敢于发表自己的意见，一般不具有从众心理。

对不同类型的少数人意见应采用不同处理方式，对第一类和第二类少数人意见要高度重视，而对第三类和第四类少数人意见则要慎重考虑。通过这种方式，能及时发现并对少数人意见进行反馈，做到了既保护了少数人意见，也不会因为个别错误的少数人意见而影响整个群体决策过程。

根据上述分析，一个聚集中的成员数应该在三个或者三个以上才相对合理，所以上述聚集个数阈值 ξ 的值可以取 $M/3$ 的整数，如 20 个群体成员，则可取 $\xi=6$。

5.2.3　聚集群体冲突分析

1. 聚集群体冲突测度

冲突程度指标的确定方法主要有模糊偏好关系法、欧几里得距离法、向量余弦以及向量正弦法等，本章在决策成员偏好矢量聚类结构的基础上进行聚集群体冲突程度指标构建。

定义 5.1　聚集群体冲突程度指标 φ 定义如下：

$$\varphi = 1 - \frac{1}{\sum\limits_{k_1 < k_2}^{K} (n_{k_1} + n_{k_2})} \sum\limits_{k_1 < k_2}^{K} (n_{k_1} + n_{k_2}) \cdot r(G^{k_1}, G^{k_2}) \tag{5-3}$$

式中，$r(G^{k_1}, G^{k_2}) = \dfrac{(\mid G^{k_1} - \overline{G^{k_1}} \mid) \cdot (\mid G^{k_2} - \overline{G^{k_2}} \mid)^{\mathrm{T}}}{\parallel G^{k_1} - \overline{G^{k_1}} \parallel_2 \cdot \parallel G^{k_2} - \overline{G^{k_2}} \parallel_2}$ 为两个聚集 C^{k_1} 和 C^{k_2} 的

偏好矢量 G^{k_1} 和 G^{k_2} 之间的相聚度，$1 \leqslant k_1$，$k_2 \leqslant K$，聚集群体的冲突程度指标考虑了各个聚集中成员数量权重和两两聚集偏好矢量相聚度之和的平均值，聚集群体的冲突程度受到群体中成员数量较多的聚集的影响。如果群体中只有一个聚集，则该冲突程度指标为零；当聚集数量大于 1 的时候，说明群体中存在冲突，聚集群体冲突程度指标大于 0。聚集群体冲突程度指标越大，说明群体中的冲突水平越高，聚集群体冲突程度指标越小，说明群体中冲突水平越低。

引入聚集群体冲突程度阈值 δ，表示决策过程中所允许的群体最大冲突程度。聚集群体冲突程度阈值 δ 一般采用事先设定值的形式给出。由于群体冲突与群体中聚集数有关，因此聚集群体冲突程度阈值 δ 可以取为群体中最大聚集个数与群体成员数的比，即 δ 可取 ξ/M。当 $\varphi \geqslant \delta$ 时，说明群体冲突程度超过了设定的最大冲突程度，需要中断决策过程，进行群体协调后重新进行群体决策；

而当 $\varphi<\delta$ 时，说明群体冲突程度没有超出设定的最大冲突程度，可以继续本次群体决策的后续步骤。

2. 聚集群体冲突矢量

在聚集群体冲突测度后，如果 $\varphi\geq\delta$，则说明需要进行群体协调，通过构建聚集群体冲突矢量，可以明确是哪些聚集造成了群体较高的冲突程度。

定义 5.2 聚集群体冲突矢量定义为 $\psi=(\psi_1,\psi_2,\cdots,\psi_K)$，分量 ψ_k 定义如下：

$$\psi_k = 1 - r_k(G^k, E) = 1 - \frac{(\,|\,G^k - \overline{G^k}\,|\,)\cdot(\,|\,E-\overline{E}\,|\,)^{\mathrm{T}}}{\|\,G^k - \overline{G^k}\,\|_2\cdot\|\,E-\overline{E}\,\|_2} \tag{5-4}$$

式中，ψ_k 为群体中第 k 个聚集 C^k 与群体的冲突程度，ψ_k 越大说明聚集 C^k 与群体的冲突越大，则第 k 个聚集 C^k 就越有可能成为群体冲突协调的对象，E 为群体偏好矢量。

通过群体冲突分析，利用聚集群体冲突测度可检验整个群体的冲突程度，并在聚集群体冲突程度超出冲突阈值的情况下，可以通过分析聚集群体冲突矢量，找到需要进行协调的聚集，为后续的冲突协调与消解提供支持。

在对群体进行协调时，协调成员的选取从理论上讲应该是群体中的所有成员，但是这样做组织者的协调难度可能较大，尤其是需要在多个聚集间进行协调，这样组织者的协调难度会更大，协调成员的选取应该本着以下两个原则：

（1）当需要协调的聚集只有一个并且聚集中成员个数不多时，可选取该聚集中所有成员作为协调成员，由决策组织者组织协调。

（2）当需要协调多个聚集并且聚集中成员个数较多时，决策组织者可选取需进行协调的各聚集中与聚集偏好最相近的部分成员参加群体协调，因为该部分成员的偏好最能代表本聚集的偏好特点。并由参加协调的成员把协调的结果反馈给各自的聚集，进行聚集内协调。

群体冲突的协调不是达到群体成员间的没有冲突，群体成员的偏好完全一致，群体决策冲突协调过程强调群体成员之间的共识，但并不是否定群体成员之间的现实客观的差异性，我们所要达到的一致性是满意冲突水平的一致性。

5.3　冲突消解——"和则"的实现

在程序化模型驱动的"谐则"运行过程中，有机地运用冲突消解"和则"可以最大限度地消除群体成员之间的冲突，达到两者最大限度的耦合，获得最大满意一致性的整个群体偏好，即实现"和谐主题"的目标。

首先根据群体偏好聚类分析结果，判断是否存在普遍性冲突、群体思维或少数人意见。如果出现上述情况，可考虑要求相关聚集中的成员进行沟通和协调，并由相应决策成员根据决策组织者提供的信息修正其偏好矢量，然后重新进行聚类；否则，组建聚集群体，并进行聚集群体冲突分析，计算聚集群体冲突指标值，如果聚集群体冲突指标超过了阈值 δ，则说明聚集间存在较大的冲突，要求冲突较大的聚集中的决策成员进行沟通与协调，根据决策组织者提供的信息修正其决策偏好矢量，再重新进行群体决策，直到聚集群体冲突指标低于这个阈值为止。最后输出本次群体决策冲突协调的结果——接近一致的群体偏好矢量。

基于上述原理，复杂大群体决策偏好冲突协调过程如图 5-2 所示。

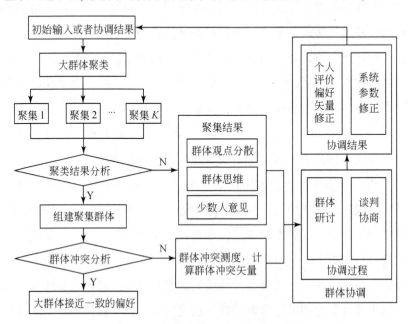

图 5-2　复杂大群体偏好冲突协调过程

相应的冲突消解机制与过程如下：

步骤 1 协调过程参数初始化。确定聚类阈值 γ、最大聚集数阈值 ξ、聚集群体冲突程度指标阈值 δ 等。

步骤 2 生成群体偏好矢量集。由决策成员根据决策问题属性（N 个），提供决策偏好矢量，形成群体成员偏好矢量集 $\{V^i \mid i = 1, 2, \cdots, M\}$。

步骤 3 对决策群体偏好矢量集 $\{V^i\}$ 进行聚类。根据步骤 1 中的聚类阈值 γ 对决策群体偏好矢量集采用第 2 章中的复杂大群体聚类方法进行聚类，形成 K 个聚集。

步骤 4 对聚类结果进行分析。根据聚集的数量以及聚集中成员的数量，分析群体成员间的分歧是否较大或者是否存在群体思维或者少数人意见，如果存在，则进入步骤 5；否则进入步骤 6。

步骤 5 启动群体协调。通过前续阶段的决策结果或者群体协调中的群体研讨或者谈判协商，发现冲突原因。若为系统参数误差，则修正系统参数误差；若为群体成员之间存在冲突，分析冲突特点，在充分尊重相关冲突成员意愿以及进行沟通的基础上，要求相关冲突人修正其决策偏好值，组织者根据各决策者提供的修正决策值偏好矢量，提供下一轮次的决策分析结果，转入步骤 2。

步骤 6 组建聚集群体并进行群体冲突程度测度。根据步骤 4 中的聚集组建聚集群体，并根据式（5-3）对聚集群体冲突进行测度计算，如果测度计算结果满足条件 $\varphi < \delta$，则转入步骤 8，否则转入步骤 7。

步骤 7 生成聚集与群体冲突矢量。根据式（5-4）计算聚集群体冲突矢量，按照聚集间协调成员选取规则组织协调成员，并转入步骤 5。

步骤 8 给出群体接近一致的偏好。根据式（5-2）计算群体接近一致的偏好。其中选择过程与群体一致性过程之间的交互如图 5-3 所示。至此完成群体冲突协调过程。

群体成员偏好冲突协调所达成的满意一致，不是一步就能实现的，是在群体协调框架模型下反复多次协调的结果。而且由"群体思维"我们可知决策一开始就取得的群体高度一致并不一定是正确的群体一致。

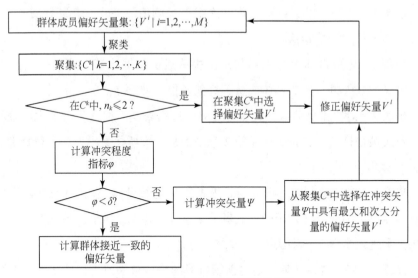

图 5-3 选择与一致性的交互过程

5.4 群体冲突协调算例

某决策问题存在四个属性，分别记为属性1、属性2、属性3、属性4。设有20个专家成员构成群体 Ω，每个成员对该问题采用四个属性进行决策或则评价，可得 $20\times4=80$ 个决策数据（称为成员偏好数据），为了消除不同属性的不同量纲的影响，需要对这些数据进行非量纲化处理。借助模糊数学的隶属度函数概念进行如下标准化处理：

$$v'_{ij} = \frac{\max\limits_{i} v_{ij} - v_{ij}}{\max\limits_{i} v_{ij} - \min\limits_{i} v_{ij}}, \quad i = 1, 2, \cdots, 20; \quad j = 1, 2, 3, 4$$

式中，$\max\limits_{i} x_{ij}$ 和 $\min\limits_{i} x_{ij}$ 为第 j 个属性中的最大值和最小值。则得到如下标准化数据矩阵，构成群体成员偏好矢量集 $\{V^i \mid i=1,2,\cdots,20\}$，如表5-1所示。

表 5-1　决策问题决策数据表

成员 V^i	属性 1	属性 2	属性 3	属性 4	成员 V^i	属性 1	属性 2	属性 3	属性 4
V^1	0.43	0.76	0.14	0.32	V^{11}	0.82	0.76	0.94	0.72
V^2	0.86	0.77	0.10	0.84	V^{12}	0.70	0.16	0.79	0.72
V^3	0.37	0.34	0.56	0.63	V^{13}	0.41	0.05	0.51	0.28
V^4	0.09	0.83	0.37	0.22	V^{14}	0.69	0.20	0.49	0.81
V^5	0.69	0.26	0.18	0.30	V^{15}	0.23	0.20	0.21	0.77
V^6	0.36	0.62	0.52	0.94	V^{16}	0.01	0.19	0.60	0.24
V^7	0.10	0.09	0.75	0.91	V^{17}	0.34	0.17	0.77	0.39
V^8	0.24	0.12	0.00	0.38	V^{18}	0.88	0.25	0.91	0.83
V^9	0.86	0.69	0.95	0.12	V^{19}	0.38	0.16	0.48	0.60
V^{10}	0.30	0.86	0.88	0.01	V^{20}	0.67	0.80	0.24	0.94

设定群体成员聚类阈值参数 $\gamma = 0.8$，根据前面的分析设定最大聚集数阈值 $\xi = 6$，聚集群体冲突指标阈值 $\delta = 0.33$。

1. 第 1 次聚类与聚集分析

对上述表 5-1 所示的群体偏好矢量集 $\{V^i \mid i = 1, 2, \cdots, 20\}$ 采用第 2 章的聚类方法进行聚类，可得聚集数 $K = 7$，群体偏好矢量为 $E =$（0.488，0.417，0.546，0.538）。第一次聚类结果如表 5-2 所示。

表 5-2　第一次聚类结果

聚集 C^k	成员数 n_k	成员偏好矢量 V^i	聚集偏好矢量 E^k
聚集 C^1	7	V^1，V^{10}，V^{12}，V^{14}，V^{15}，V^{17}，V^{18}	（0.511，0.372，0.600，0.4897）
聚集 C^2	4	V^2，V^8，V^9，V^{16}	（0.563，0.506，0.472，0.452）
聚集 C^3	4	V^3，V^4，V^5，V^7	（0.367，0.447，0.547，0.605）
聚集 C^4	1	V^6	（0.279，0.480，0.403，0.728）
聚集 C^5	2	V^{11}，V^{20}	（0.502，0.526，0.398，0.560）
聚集 C^6	1	V^{13}	（0.575，0.070，0.715，0.392）
聚集 C^7	1	V^{19}	（0.436，0.183，0.550，0.688）

聚类结果中存在少数人意见，并且聚集数 $K=7>\xi$，超过最大聚集数阈值 ξ，并且其中有聚集 C^4、C^5、C^6 和 C^7 中的成员数 $n_k \leqslant 2$，说明群体中存在多个少数人意见的聚集，因此必须中断群体决策过程，对形成的 7 个聚集以及少数人意见的原因进行分析。决策组织者通过组织相关决策成员分析得出，决策初期成员普遍性地存在对决策问题理解不深刻，主观意识较强。

2. 决策组织者启动第 1 次群体协调

决策组织者向决策成员进一步解析问题的背景、特点和要求，加深对决策问题的认识和理解，对决策问题进行进一步研讨，尤其提醒决策成员 V^6、V^{13}、V^{19}、V^{11}、V^{20}，通过反复沟通配合他们完善问题决策偏好矢量。经第一次调整完善后的群体成员决策偏好矢量集数据标准化处理后如表 5-3 所示。

表 5-3　经第一次调整后的问题决策数据表

成员 V^i	属性 1	属性 2	属性 3	属性 4	成员 V^i	属性 1	属性 2	属性 3	属性 4
V^1	0.56	0.31	0.73	0.63	V^{11}	0.18	0.71	0.80	0.68
V^2	0.45	0.60	0.50	0.75	V^{12}	0.45	0.65	0.75	0.42
V^3	0.11	0.76	0.08	0.33	V^{13}	0.22	0.12	0.51	0.96
V^4	0.90	0.03	0.39	0.52	V^{14}	0.70	0.60	0.40	0.67
V^5	0.71	0.07	0.35	0.12	V^{15}	0.98	0.66	0.22	0.77
V^6	0.80	0.00	0.32	0.07	V^{16}	0.45	0.06	0.00	0.48
V^7	0.40	0.31	0.42	0.53	V^{17}	0.55	0.28	0.32	0.20
V^8	0.65	0.63	0.21	0.80	V^{18}	0.77	0.96	0.39	0.44
V^9	0.01	0.70	0.25	0.43	V^{19}	0.28	0.12	0.94	0.08
V^{10}	0.12	0.27	0.78	0.23	V^{20}	0.20	0.63	0.48	0.81

3. 第 2 次聚类与聚集分析

对上述表 5-3 所示群体偏好矢量集 $\{V^i \mid i=1,2,\cdots,20\}$ 采用上述聚类方法进行聚类，可得聚集数 $K=4$，群体偏好矢量为 $E = (0.518, 0.460, 0.482,$

0.536）。第二次聚类结果如表 5-4 所示。

表 5-4　第二次聚类结果

聚集 C^k	成员数 n_k	成员偏好矢量 V^i	聚集偏好矢量 E^k
聚集 C^1	9	V^1，V^3，V^4，V^5，V^6，V^9，V^{11}，V^{17}，V^{20}	（0.535，0.464，0.495，0.504）
聚集 C^2	5	V^2，V^{12}，V^{15}，V^{16}，V^{19}	（0.541，0.434，0.500，0.512）
聚集 C^3	3	V^7，V^{13}，V^{18}	（0.455，0.455，0.432，0.632）
聚集 C^4	3	V^8，V^{10}，V^{14}	（0.484，0.494，0.457，0.560）

聚类结果中不存在少数人意见，并且聚集数 $K=4<6=\xi$。因此继续下列群体决策过程。

4. 第 1 次聚集群体冲突分析

利用式（5-3）计算聚集群体冲突程度指标 $\varphi=0.403>0.33$，说明聚集之间的冲突程度较大。因此利用式（5-4）计算聚集群体冲突矢量 $\psi=$（0.237，0.142，0.120，0.230），可知各个聚集与群体的冲突程度有 $C^1 > C^4 > C^2 > C^3$，冲突程度最大的聚集 C^1 也是整个聚集群体中成员个数最多的聚集，说明聚集间存在较高的冲突水平，其原因主要是聚集之间的决策成员存在着对问题的认知和判断偏差。因此需要再次启动群体协调程序。

5. 决策组织者启动第二次群体协调

决策组织者应加强引导，组织决策人员重新对问题进行更深入的分析和认知，并要求决策人员完善自己的决策偏好矢量。尤其提醒聚集 C^1 中的决策成员 V^1、V^3、V^4、V^5、V^6、V^9、V^{11}、V^{17}、V^{20} 和 C^4 中的决策成员 V^8、V^{10}、V^{14}。通过反复沟通配合决策成员完善决策偏好矢量，经第二次调整完善后的群体成员决策偏好矢量集数据标准化处理后如表 5-5 所示。

表 5-5　经第二次调整后的问题决策数据表

成员 V^i	属性 1	属性 2	属性 3	属性 4	成员 V^i	属性 1	属性 2	属性 3	属性 4
V^1	0.75	0.01	0.70	0.45	V^{11}	0.53	0.43	0.02	0.64
V^2	0.06	0.28	0.85	0.23	V^{12}	0.34	0.29	0.03	0.50
V^3	0.95	0.92	0.00	0.55	V^{13}	0.21	0.43	0.20	0.59
V^4	0.91	0.10	0.31	0.75	V^{14}	0.93	0.92	0.00	0.71
V^5	0.29	0.35	0.16	0.46	V^{15}	0.46	0.326	0.56	0.81
V^6	0.69	0.03	0.55	0.38	V^{16}	0.87	0.91	0.50	0.30
V^7	0.89	0.25	0.41	0.94	V^{17}	0.93	0.37	0.61	0.19
V^8	0.73	0.64	0.98	0.63	V^{18}	0.43	0.68	0.36	0.34
V^9	0.93	0.72	0.66	0.63	V^{19}	0.15	0.10	0.53	0.66
V^{10}	0.39	0.95	0.19	0.06	V^{20}	0.41	0.51	0.03	0.59

6. 第三次聚类与聚集分析

对上述表 5-5 所示群体偏好矢量集 $\{V^i \mid i=1,2,\cdots,20\}$ 仍然采用上述聚类方法进行聚类,可得聚集数 $K=4$,群体偏好矢量为 $E=$(0.578,0.471,0.407,0.526)。第三次聚类结果如表 5-6 所示。

表 5-6　第三次聚类结果

聚集 C^k	成员数 n_k	成员偏好矢量 V^i	聚集偏好矢量 E^k
聚集 C^1	10	V^1, V^3, V^4, V^6, V^7, V^9, V^{11}, V^{14}, V^{16}, V^{20}	(0.689,0.421,0.279,0.521)
聚集 C^2	2	V^2, V^5	(0.245,0.444,0.711,0.486)
聚集 C^3	4	V^8, V^{12}, V^{13}, V^{17}	(0.574,0.450,0.473,0.496)
聚集 C^4	4	V^{10}, V^{15}, V^{18}, V^{19}	(0.406,0.581,0.465,0.530)

聚集数 $K=4<6=\xi$,并且聚类后的聚集中只有 C^2 中群体成员数 $n_2=2 \leqslant 2$,存在单一的个别人意见。决策组织者通过分析,认为该个别人意见的存在是在允许的范围之内的,因此继续下列群体决策过程。

7. 第二次聚集群体冲突分析

利用式 (5-3) 测定计算聚集群体冲突程度指标 $\varphi=0.142<0.33$,说明聚

集之间的冲突程度很小，通过聚集群体冲突分析，决策结果予以接受。

8. 得出群体偏好矢量

利用式（5-2）给出决策问题的群体偏好矢量 $E = (0.578，0.471，0.407，0.526)$，即是第 6 步的结果，结束对决策问题的群体协调程序。

5.5　本 章 小 结

本章分析了大群体决策偏好冲突协调与和谐管理理论的关系，在和谐管理理论框架下，提出了复杂大群体决策冲突测度模型及冲突协调机制。通过构建群决策冲突协调"和谐主题——复杂大群体偏好"、"谐则——程序化模型驱动"与"和则——冲突消解"及其相互关系，较好地解决了整个复杂大群体低冲突偏好的形成问题。通过群体偏好聚类分析和聚集群体冲突分析两方面对复杂大群体冲突进行测度，实现了复杂大群体决策的"谐则"，通过有针对性的过程分析、沟通与协调进行冲突消解，实现了复杂大群体决策的"和则"。在冲突协调过程中考虑了群体成员之间的现实客观的差异，更加符合复杂大群体决策的现实要求。

第6章 复杂大群体决策支持平台

6.1 平台概述

面向特大自然灾害的复杂大群体决策支持平台 CLGDSP（complex large group decision support platform）是在前面几章的复杂大群体决策模型的支持下形成的，利用该平台开发包括特大型自然灾害在内的群决策支持系统。

利用平台 CLGDSP 开发的群决策支持系统能够提供一个跨部门、跨地理空间和时间、由不同类型的决策人员共同参与的协同群决策工作环境。平台 CLGDSP 以解决多属性决策问题为导向，因此其结构和功能就必须以解决决策问题为中心，配合和服务于决策问题解决的全过程。平台支持"复杂问题求解"和"多方案排序"两类多属性决策问题的解决。对于"复杂问题求解"决策问题，具有复杂问题分析分解，问题分解方案形成，根据子问题的不同类型（结构化和非结构化子问题）实现模型、方法、知识、数据综合调用，具有求解过程控制，群体成员行为冲突协调等功能，最终完成复杂决策问题的求解；对于"多方案排序"决策问题，具有方案评价、群体成员偏好集结等功能，最终完成决策方案的排序。

6.2 平台体系结构

平台体系结构划分为四个层次——决策前端层、决策服务层、决策资源层、硬件支撑层，其中决策服务层为平台的核心部分，决策资源层主要为决策服务层提供工具，平台体系结构如图 6-1 所示。

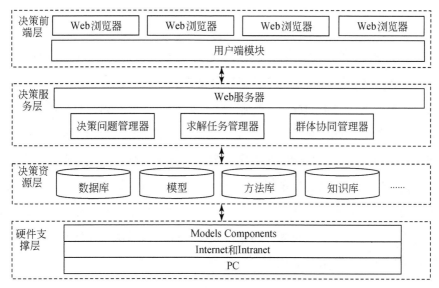

图 6-1 复杂大群体决策支持平台体系结构

6.2.1 决策前端层

决策前端层由分布在 Internet 环境中的各用户终端组成。该层主要完成平台与决策用户的交互,为参与决策的用户之间提供沟通支持。包括:① 用户接口:完成用户的注册、登录、身份认证等;② 用户交互:该层主要为不同的参与者用户提供一个沟通环境,该沟通环境相当于电子白板系统,产生的数据信息保存在共享决策数据库服务器上;③ 信息反馈:为交互信息及结果反馈模块,将运行期间的信息和运行结果反馈给各个用户。

6.2.2 决策服务层

决策服务层实现决策问题(包括复杂问题求解和多方案排序决策问题)解决的全部过程,包括以下几个部分。

1. 决策问题管理器

实现决策问题的描述与定义，涉及问题所处环境、决策目标、决策需求和相关约束条件等，决策问题的表述是否合理完整、是否符合用户的需要和目标要求，将决定问题决策的成败。按照问题的性质对决策问题进行分类和编码。

对于"复杂问题求解"决策问题，包括问题的描述、问题属性和决策群体定义和描述等，制订复杂问题分解方案，应分解到可以直接求解的一系列原子问题，对这些原子问题的逻辑关系进行定义和描述，编制每个原子问题及原决策问题的求解路线，为问题求解提供基础。原子问题之间存在逻辑关系，如表 6-1 所示，所有的原子问题及其逻辑关系等构成原问题的分解方案，该分解方案就是指导原问题求解的依据。

表 6-1　原子问题之间的逻辑关系示意表

紧前原子问题	输入参数	原子问题	输出参数	紧后原子问题	备注
	α, β	A	λ, ξ	B, C	
A	γ, η	B	β, η	C	
B, D	λ, ρ	C	η, ρ	A, D	
C	θ, ξ	D	θ, α	C	

对于"多方案排序"决策问题，包括问题方案的描述、问题属性、备选决策方案和决策群体定义和描述等。

2. 求解任务管理器

对于"复杂问题求解"决策问题，针对每个原子问题，生成求解任务，决策成员基于问题分解方案选择求解路线，调用决策资源（对于结构化原子问题，分别调用模型、方法、数据等获得求解结果；对于非结构化原子问题的求解结果可利用知识库中的相关知识和数据等，也可以通过专家群体打分或投票等形成），对所有原子问题进行求解，将所有原子问题的解按照问题分解方案中的逻辑关系进行合成，形成决策成员对原问题的解，并转化成该成员的偏好矢量。所有成员的偏好矢量构成成员偏好矢量集 $\Omega = \{V^i \mid i = 1, 2, \cdots, M\}$。

对于"多方案排序"决策问题，实现决策成员对决策方案的决策或评价，形成该成员对决策方案的偏好矢量。所有决策成员对决策方案的偏好矢量构成该决策方案的偏好矢量集 $\Omega^l = \{V^{li} \mid i = 1, 2, \cdots, M; l = 1, 2, \cdots, P\}$。

3. 群体协同管理器

对于"复杂问题求解"决策问题，实现成员偏好矢量集 $\Omega = \{V^i\}$ 聚类，生成 K $(1 \leqslant K \leqslant M)$ 个不同的聚集 $\{C^1, C^2, \cdots, C^K\}$，计算聚集一致性分析指标 ρ^k 和聚集偏好矢量 E^k，计算群体一致性分析指标 ρ 和群体偏好矢量 E，形成决策问题的最优解，建立决策问题的最优决策方案，经过评价和讨论，形成问题的决策与分析报告。

对于"多方案排序"决策问题，实现方案 l 的成员偏好矢量集 $\Omega^l = \{V^{li}, i=1, 2, \cdots, M; l=1, 2, \cdots, P\}$ 聚类，生成方案 l 的 K $(1 \leqslant K \leqslant M)$ 个不同的聚集 $\{C^1, C^2, \cdots, C^K\}$，计算方案 l 的聚集一致性分析指标 ρ^k 和聚集偏好矢量 E^k，计算方案 l 的群体一致性分析指标 ρ 和群体偏好矢量 E。所有 P 个群体偏好矢量构成群体偏好矩阵 $E_{P \times N}$，计算问题属性权重矢量 W，计算方案排序矢量 O，获得最优决策方案 l^*，经过评价和讨论，形成决策报告并进行决策分析，完成群决策过程。

6.2.3　决策资源层

为问题求解提供资源和工具，包括模型库及其管理系统、方法库及其管理系统、知识库及其管理系统、数据库及其管理系统等，并且提供扩充求解资源功能。

6.2.4　硬件支撑层

用计算机和网络技术将平台得以实现。为了能灵活方便地开发出各类应用，将本书的决策模型相对固化，设计开发平台决策模型组件，组件中包含了平台所需的类库、对象及其方法。

6.3　平台系统处理与控制流程

平台以多属性决策问题解决为中心，因此平台系统处理流程服务于决策问题解决，并围绕问题解决展开。整个平台系统处理流程如图 6-2~图 6-4 所示。

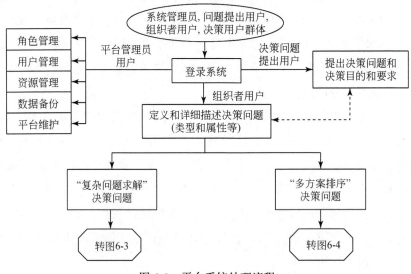

图 6-2　平台系统处理流程

1. 平台用户

平台系统涉及四类用户：平台管理员、决策问题提出用户、决策组织者用户、决策用户群体。

平台管理员：登录平台系统后主要进行平台角色管理、平台用户管理、平台数据备份、平台系统日常维护、监控、管理、决策资源管理与扩充等功能操作。

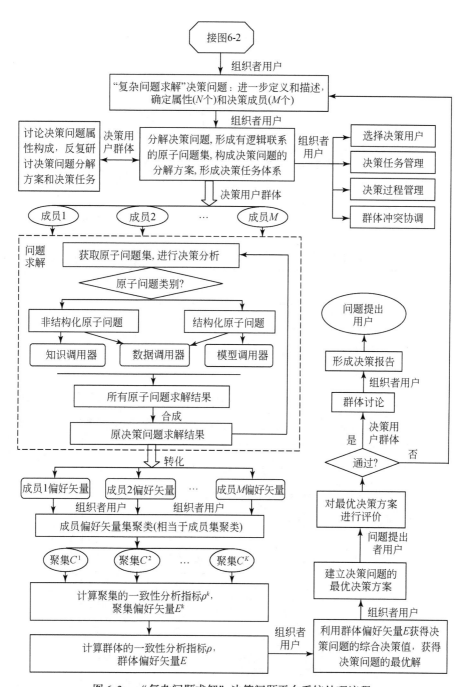

图 6-3　"复杂问题求解"决策问题平台系统处理流程

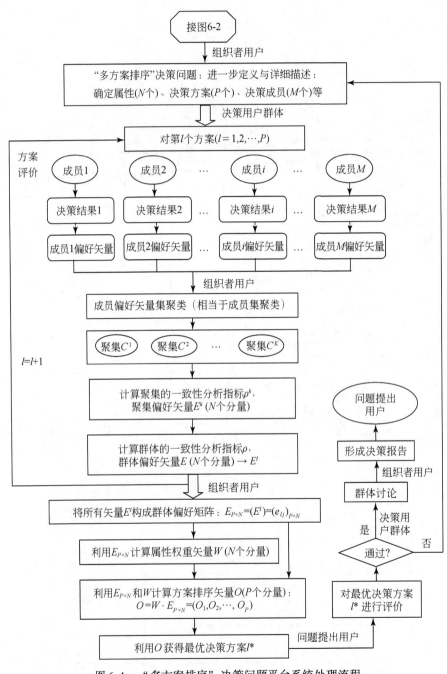

图 6-4 "多方案排序"决策问题平台系统处理流程

决策问题提出用户：登录系统后主要任务是提出并简单描述决策问题、决策目的和决策要求，帮助决策组织者用户对决策问题进行理解和沟通。

决策组织者用户：登录系统后主要任务是与问题提出用户进行沟通和讨论，然后对决策问题进行定义和详细描述，确定问题属性，对决策问题的类别进行界定并确定决策问题的类型。对于"复杂问题求解"决策问题，进行问题分析和分解，编制决策问题分解方案和决策任务体系；对于"多方案排序"决策问题，对各个决策方案进行详细描述和界定。组织决策成员群体参与决策，同时与问题提出者用户和决策用户群体保持沟通与交流。

决策用户群体：登录系统后获取决策问题及其定义和描述，了解决策要求，对决策问题进行分析和理解。对于"复杂问题求解"决策问题，按照问题分解方案和决策任务体系，求解各个原子问题并合成原决策问题的解，形成自己的偏好矢量；对于"多方案排序"决策问题，对各个决策方案进行决策或评价，形成自己的关于各个决策方案的偏好矢量。

2. "复杂问题求解"决策问题——平台系统处理流程

由于决策问题的复杂性，决策问题很难一次就能求解，因此须按照下例程序进行求解处理。相应的平台系统处理流程如图6-3所示。

第一步：组织者用户需进一步对问题进行定义和描述，确定问题属性（N 个）和参与决策的群体成员（M 个）。在决策用户对问题进行求解之前，组织者用户需要将问题进行分析分解，形成一系列相互有联系的原子问题（能够直接求解）集，构成问题分解方案和决策任务体系，然后再交给决策用户进行求解。

第二步：决策用户根据问题分解方案及其逻辑关系以及决策任务体系对所有原子问题进行求解，之后将所有原子问题的解根据决策问题分解方案的逻辑关系进行合成，形成原决策问题的解，最后转变成该决策用户的偏好矢量。M 个决策用户就能够获得原问题的 M 个解，即 M 个偏好矢量（其中的分量个数就是决策问题的属性个数 N）。这样就建立了每个决策成员与其偏好矢量之间的一一对应关系。

第三步：组织者用户对 M 个成员偏好矢量进行聚类，形成 K（$1 \leqslant K \leqslant M$）个偏好矢量（成员）聚集，对聚集结构进行分析。利用该聚集结构进行整个群体一致性分析和群体偏好计算和分析，利用群体偏好获得原问题的最佳解，据此形成最佳决策方案。

由于各个决策成员拥有不同背景与知识，他们的偏好之间必然存在差异与冲突，因此需要通过这些偏好的结构分析来探索这些差异，采用第 2 章的偏好聚类方法进行分析和探索，利用第 5 章的冲突协调模型和机制最大限度地消解冲突，进而获得满意一致性的整个群体的偏好，据此获得最佳决策方案。

第四步：问题提出用户对最佳决策方案进行评价，通过评价后提交给所有决策用户进行群体讨论和认可，否则需要进行必要的修正和重新决策。讨论通过后交由组织者用户处理。

第五步：组织者用户根据最佳决策方案形成决策问题的决策报告，完成群决策全过程。

3. "多方案排序" 决策问题——平台系统处理流程

由于决策方案具有多样性，须按照下例程序进行决策处理。相应的平台系统处理流程如图 6-4 所示。

第一步：组织者用户进一步对决策问题进行定义和描述，确定问题属性（N 个）、决策成员（M 个）、备选决策方案（P 个）。针对每一个决策方案 l（$1 \leqslant l \leqslant P$）。

第二步：决策用户登录系统针对 N 个不同的问题属性对案 l 进行决策或评价，形成该决策成员的决策偏好矢量（其中的分量个数就是决策问题属性个数 N）。所有决策成员将形成关于对案 l 的 M 个决策偏好矢量。

第三步：组织者用户对方案 l 的 M 个成员偏好矢量进行聚类，形成 K 个偏好矢量（成员）聚集，研究和分析聚集结构。利用该聚集结构进行群体一致性分析和群体偏好计算。将所有 P 个方案的群体偏好矢量构成群体偏好矩阵 $E_{P \times N}$。利用 $E_{P \times N}$ 和信息熵模型确定并计算决策问题属性权重矢量 W。将群体偏好矩阵 $E_{P \times N}$ 和属性权重矢量 W 进行合成，获得决策方案排序矢量 O，从中

获得最优决策方案 l^*。

第四步：问题提出用户对最优决策方案进行评价，通过评价后提交给所有决策用户进行群体讨论和认可，否则需要进行必要的修正和重新决策。讨论通过后交由组织者用户处理。

第五步：组织者用户根据最优决策方案编制并形成决策问题的决策报告，完成群决策全过程。

6.4　平台功能结构

根据上述平台系统处理与控制流程，设计平台系统功能结构如图 6-5 所示。

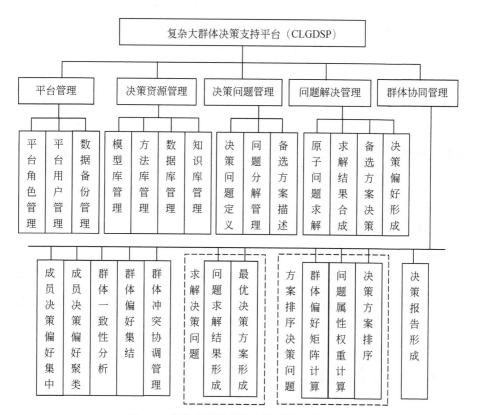

图 6-5　复杂大群体决策支持平台功能结构

6.4.1 平台管理

1. 平台角色管理

平台角色是用户使用平台系统功能的权限,不同的角色对应不同的平台系统功能集合。当用户拥有某个角色时,该用户就可以使用这个角色包含的所有平台系统的功能。本模块实现平台角色的增、改、删及其管理。

2. 平台用户管理

平台系统的使用采用注册用户制,非注册用户不能使用平台。本模块实现平台用户的注册、角色添加、角色变更、用户信息修改和用户删除等。不同用户由于拥有不同角色,使得其能够使用的平台系统功能也不同。当用户的角色发生变更时,该用户能够使用的平台系统的功能也会发生变化。

3. 数据备份管理

为了对平台数据进行其他分析,需要进行平台数据备份。同时为了使得平台系统高效运行,需要清除一些时间太久的数据,在进行这些数据备份后进行清除。

6.4.2 决策资源管理

实现对决策问题解决的资源和工具的管理,包括模型库、方法库、知识库、数据库等,对这些决策资源进行增加、删除、修改以及丰富。需要说明的是:这里的模型是指标准数学模型,不是指前面几章研究的群体决策模型。

6.4.3 决策问题管理

决策问题管理是实现决策问题解决之前的准备过程,包括决策问题的定义和详细描述、问题属性定义（名称和个数）和描述等，对决策问题进行分类。对于"复杂问题求解"决策问题，进行问题分析和分解，编制决策问题分解方案，形成相应的求解任务体系；对于"多方案排序"决策问题，对各个备选决策方案进行定义和描述。然后定义决策目标和决策要求，描述决策环境等。

6.4.4　问题解决管理

实现各个成员对决策问题的解决。对于"复杂问题求解"决策问题，决策成员按照问题分解方案实现对各个原子问题进行求解（结构化原子问题可以调用模型、方法、数据等实现求解，非结构化原子问题可以调用知识或利用专家群体打分或投票实现求解）。将各个原子问题的解合成为原问题的解，并形成相应决策成员的偏好矢量。对于"多方案排序"决策问题，决策成员对决策方案进行决策或评价，形成决策成员对决策方案的偏好矢量。

6.4.5　群体协同管理

实现对决策成员群体的协同管理，获得决策问题的最佳决策方案并形成最终决策报告。对于"复杂问题求解"决策问题，实现群体成员的偏好矢量集聚类，生成若干个偏好矢量（成员）聚集。计算各聚集和整个群体的一致性指标并进行分析。计算各聚集和整个群体的偏好矢量并进行决策成员偏好冲突性分析与协调，形成最佳决策方案，对最佳决策方案进行评价和讨论形成决策报告。对于"多方案排序"决策问题，实现各个决策方案的群体成员偏好矢量集聚类，计算其各聚集和整个群体的偏好矢量并进行决策成员偏好冲突性分析与协调，将各个方案的群体偏好矢量构成群体偏好矩阵，计算并确定问题属性权重矢量。利用属性权重矢量和群体偏好矩阵的合成获得决策方案排序矢量，从中获得最佳决策方案。经过评价和讨论形成决策报告。

6.5 平台开发与运行

6.5.1 平台运行环境

平台系统在 Intranet/Internet 环境中运行，设置独立的平台服务器作为 Web 服务器和数据库服务器。在 Web 服务器上安装 Windows 2008 Server R2 64 位平台服务器操作系统、Microsoft IIS 7.0 信息服务器软件、Microsoft. NET2.0 环境，在数据库服务器上 Microsoft SQL Server 2008 Standard（含 OLAP）数据库系统。

客户机可以为普通 PC 机，客户端操作系统支持 Windows XP、Windows7，浏览器支持 IE6-9。

6.5.2 平台开发

平台开发基于目前流行稳定的 TCP/IP 协议和 Web 技术，采用目前最新流行的支持互联网的 Microsoft Visual Studio. NET2010（C#）为平台开发工具，平台系统采用 B/S 架构，开发 ASP. NET 形式的平台系统。考虑到与平台的兼容性和稳定性，数据库管理系统采用 Microsoft SQL Server 2008 Standard（含 OLAP）作为平台数据存储与管理系统。

平台系统软件磁盘总目录：CLGDSP；子目录：\Bin、\DB、\Image、\Admin、\Problem、\Organizer、\Decision。

6.6 本章小结

特大自然灾害应急决策离不开信息系统和群体决策支持系统的支撑，本书的复杂大群体决策模型只有应用在这些系统中才能更好地发挥作用，因此本章基于这些决策模型提出复杂大群体决策支持平台。本章对平台的特点和基本功能进行了描述，设计了平台的层次体系结构及各个层次组成部分，设计了平台系统的处理流程与控制流程，在此基础上设计了平台的功能结构和功能描述，最后设计了平台系统的软件架构、开发方法以及运行环境，为复杂大群体决策模型的应用打下基础。

第 7 章　大型水电工程复杂生态环境风险评价应用

针对大型水电工程复杂生态环境风险的复杂性，传统风险评价方法难以对大型水电工程建设带来的复杂风险进行客观评价。基于重庆酉酬水电站案例以及国内外水电工程建设生态环境风险的相关文献，提出了大型水电工程复杂生态环境风险关联因素及其量化维度结构。在此基础上建立了生态环境风险关联度模型，以此为基础通过聚类对复杂生态环境风险关联因素进行结构分析，据此构造了风险关联因素的权重模型，得出风险关联因素权重的排序结果。最后利用重庆酉酬水电站工程调研资料进行实证分析，为大型水电工程建设生态环境保护和维护提供借鉴。

7.1　引　　言

随着我国经济的发展，产业结构的转型，环境问题越来越受到重视，环境友好和资源节约的两型社会成了新的发展目标。水电工程作为关系到国计民生的基础产业，其本质上不仅是社会经济工程，更是生态工程，水电工程的建设在给人类带来巨大经济利益的同时，也给生态环境带来诸多风险。由于大型水电工程建设规模庞大，投资金额较多，工程建设期较长，涉及人员繁多，而且水电工程多建设在风景秀丽的山川河流之中，因而大型水电工程在建设全阶段中涉及的因素众多，包括局地气候、水文、地质、动植物、经济社会环境等组成的复杂生态环境，这些生态环境的变化极有可能引发地震、泥石流、崩塌等地质灾害，威胁物种安全，打乱库区居民的衣食住行，带来种种显性和潜在风险。然而这些风险因素之间又相互影响，关系错综复杂，这进一步加深了大型水电工程生态环境风险因素评价的复杂性。

由于工程生态环境风险的模糊性和不确定性，在其生态环境风险评价中较多地应用模糊综合评价法，于艳新和陈家军（2001）运用该方法通过建立生态环境风险模糊指数对大庆地区油田开发排水工程的生态环境风险进行了评价，确知风险发生的可能性，并提出了优选方案环境风险管理的措施。层次分析和德尔菲法也是常用的生态环境风险评价方法，廖和平等（2007）应用该方法评价了三峡工程巫山县移民安置区的土地生态安全等生态环境风险问题；李松真（2008）提出了 AHP-FUZZY 滑坡危险性评价模型，应用此模型对公路施工期的滑坡、土壤环境风险进行了评价；王华东和王飞（1995）应用层次分析法对南水北调中线水源工程中的生态环境风险进行识别，用模糊概率—事故树分析法估计风险概率，用统计分析法和类比分析法估计风险后果，最后用灰色关联分析法和综合指数法进行风险的综合评价，此法多用于较少的风险因素，且难以适应动态性因素的变化，当评价因素较多时，判断矩阵不一致现象将会增多，主观性较明显。此外灰色综合评价法也被采用，翟国静（1997）将灰色关联度分析应用于水资源工程生态环境影响评价之中，并进行了实证研究，该方法的特点是在"部分信息已知，部分信息未知"的"小样本"、"贫信息"不确定性下对风险因素进行评价，与定性分析结论一致性较好，但在信息不完备的情况下，灰色综合评价法多适用于评价因素较少的问题。风险概率计算模型也得到很好的应用，徐平（2008）采用该模型评价了公路建设项目中河流环境的风险，并应用事故后果模型对公路交通事故所带来的生态环境风险进行了分析，该方法对工程生态环境风险的评价需要对风险源发生的概率和强度进行估计，这就使得计算结果有一定的主观性，而且随着评估因素的增多，此模型显然难以进行计算。另外，刘玉洁（2008）对重庆巫山千丈岩梯级水电站建设后生态环境风险进行评价，根据《水利水电工程水文计算规范》等中的计算模式对生态环境中各个因子分别进行相应的评价。层次分析法在应用过程中多与模糊数学法或灰色关联法结合进行评价。国外学者对于工程生态环境风险的评价方法也有较多研究，Refsgaard 等（1998）用一种整合了个体标准准则的整合模型来评价了多瑙河流域水电站建设对地表水、农业及洪水等生态环境的影响；ElSherbiny 和 Adly（2008）在工程建设活动和生态环境之间网络图表的基础上建立了生态环境风险评价模型，并用此对沿海油气工程带来的生态环境风险进行了评价，进而提出了对策；Michael 和 Charlie（2005）用评估能力系统（SAC）中的风险模块对汉福德核电工程的潜在生态环境风险进行了评价，对长期的核辐射风险进行了评估；Manful 等（2007）将语言描述和相关指标结合到纯数字的水文生态环境评价模型中，并用此模型对水电工程影响下濒临灭绝的河马的栖息地进行了生态环境风险实证分析。

综上所述，多数研究尚未对水电工程建设给复杂生态环境带来的多维风险进行关联性研究，大多停留在单一因素风险管理和评价阶段。本章将对面向大型水电工程所涉及的复杂生态环境风险进行评价研究，首先建立大型水电工程复杂生态环境风险关联因素及其量化维度结构，其次建立生态环境风险关联度模型，然后通过聚类对复杂生态环境关联因素进行结构分析，构造风险关联因素权重模型得出风险关联因素权重的排序结果，最后利用重庆酉酬水电站工程案例进行实证分析。

7.2 大型水电工程复杂生态环境风险关联因素分析

水电工程由于建设的特殊性，其生态环境风险涉及复杂的关联因素，即工程建设全阶段中涉及的与生态环境有关的风险对象，根据重庆酉酬水电站案例调研，同时查阅国内外水电工程建设相关文献（李桂中和李建宗，2000；曹志平，1999；孔繁德，2005；方朝阳，2007；程胜高，1999；常本春等，2006；苏成权，2007；姚云鹏，2006；张伟和龚爱民，2005；王勇和李均平，2008；Lovett et al.，1997；Saudder，2005；Rosenberg et al.，1995；Alam et al.，1995；Barrow，1988），再依据系统论的方法将水电工程生态环境风险看成一个复杂系统，将其分解成自然环境子系统、生态环境子系统、社会经济子系统和工程主体子系统，然后对这四个子系统分别进行层层分解，最后总结出大型水电工程复杂生态环境风险关联因素，这样先划分系统，再根据系统层层分解的方法可以保证评价体系的科学性和评价指标的全面性，也有利于对风险关联因素进行评价。具体系统分层如表 7-1 所示。

表 7-1　大型水电站工程复杂生态环境风险评价体系结构

系统名称	风险属性名称	风险关联因素集
自然环境子系统	水环境	水文泥沙，径流水，河流形态，水质，底质
	地表环境	局地气候，土壤营养物质，地质，水土流失，地震，土壤盐碱化，土壤沼泽化，滑坡，泥石流
生态环境子系统	陆生生物	陆生植物，陆生动物
	水生生物	水生植物，鱼类，浮游植物，浮游动物，微生物
社会经济子系统	库区移民	库区移民安置风险，库区移民健康风险，库区社会稳定风险
	当地经济发展	地区工业，地区农业，交通建设，库区景观，地区经济风险
工程主体子系统	施工风险	

　　根据上述表 7-1 总结的风险关联因素结构，再结合文献（李桂中和李建宗，2000；曹志平，1999；孔繁德，2005；方朝阳，2007；程胜高，1999；常本春等，2006；苏成权，2007；姚云鹏，2006；张伟和龚爱民，2005；王勇和李均平，2008；Lovett et al.，1997；Saudder，2005；Rosenberg et al.，1995；Alam et al.，1995；Barrow，1988）和重庆酉酬水电站建设现场实际，分别得出其量化维度（相当于风险关联因素的属性）如表 7-2 所示。

表 7-2　大型水电站工程复杂生态环境风险关联因素及其量化维度

编号	生态环境风险关联因素	量化维度
1	水文泥沙风险	平均输沙量；泥沙颗粒含量；有机质含量；全氮；全磷；全钾
2	径流水风险	地表径流量；水温；地下水位；径流水总悬浮物含量；pH；总氮；总磷；总钾
3	河流形态风险	河床下切深度；断面宽度扩展；河床坡度
4	水质风险	水温；pH；氨氮；生物耗氧量；硅酸盐；溶解氧；总硬度；铵氮；总氮；总磷
5	局地气候	气温；空气湿度；平均风速；降雨量；蒸发量；无霜期；日照时数
6	土壤营养物质风险	全氮；全磷；全钾；土壤速效磷含量；土壤速效钾含量；有机质含量

续表

编号	生态环境风险关联因素	量化维度
7	地质风险	有机质含量；农田 Eh 值；土壤 pH；土壤容重；岩石硬度
8	水土流失风险	山坡坡度；降雨量；植被覆盖率；水土流失率
9	地震风险	土壤容重；库水荷重；库区渗漏量；岩石硬度
10	土壤盐碱化风险	土壤 pH；地下水位；气温
11	土壤沼泽化风险	20~45cm 深度土壤含水量；有机质含量；地下水位
12	滑坡风险	山坡坡度；降雨量
13	泥石流风险	20~45cm 深度土壤含水量；山坡坡度；降雨量；岩石破碎分割程度
14	底质风险	农田 Eh 值；土壤 pH；总氮；总磷；有机质含量
15	陆生植物风险	植被覆盖率；自然生产力；库区建房人均用材量；野生植物数量；稀珍植物种类
16	陆生动物	风险种群密度；野生动物数量；珍稀动物数量
17	水生植物风险	水生植被覆盖率；水位；水温；自然生产力；水生植物数量
18	鱼类风险	水位；水温；鱼道流速；鱼道尺寸；鱼类数量
19	浮游植物风险	水位；水温；群落种类；密度
20	浮游动物风险	水位；水温；群落种类；密度；生物量
21	微生物风险	水位；水温；微生物种类；种群密度
22	库区移民安置风险	人均居住面积；坡度；植被覆盖率；日照时数；降雨量；耕种层厚度
23	库区移民健康风险	自然疫源疾病发病率；地区病发病率；介水传染病发病率；废水排放量；废渣排放量；人均拥有病床数
24	地区农业风险	农业总产值；人均耕地面积；降雨量；日照时数；耕种层厚度；人均有效灌溉面积；农民人均纯收入；农业机械总动力；农业从业人数
25	地区工业风险	工业总产值；产品销售率；工业利润总额；工业从业人数；废水排放量；废渣排放量
26	库区社会稳定风险	移民人口数量；人均居住面积；人均供水量；人均耗电量；失业率
27	地区经济风险	财政收入；财政支出；农业总产值；工业总产值；人均纯收入；恩格尔系数
28	库区景观风险	淹没区房屋面积；淹没耕地面积；施工区占地影响耕地面积
29	交通建设风险	占用土地面积；公路运量；坡度改变程度；径流水总悬浮物含量
30	施工风险	平均施工人数；植被覆盖率；施工临时房屋面积；施工占用耕地施工环境保护费用；库区淹没处理费用；移民安置费用；废水排放量；废渣排放量

7.3 大型水电工程生态环境风险关联度模型

针对大型水电工程生态环境风险关联因素的复杂性和规模性等特点，将复杂生态环境的风险关联因素看成一个群体 Ω，其中包含 t 个关联因素，关联因素的量化维度反映了大型水电工程的建设给生态环境关联因素所带来的风险维度，其中量化维度的风险值可根据水电工程建成后的生态环境历史水文资料实际情况进行赋值。由于每两个风险关联因素的量化维度的数量、数值和属性不完全相同，所以反映的风险维度也不完全相同，为了较全面地反映大型水电工程的建设对生态环境关联因素的影响，下面对两个风险关联因素的风险矢量分别进行定义。

定义 7.1 风险矢量。设第 i 个风险关联因素的量化维度为 N，其中第 l 个量化维度在大型水电工程建设影响下的风险值为 v_l^i，并且 $v_l^i \geqslant 0$，$l=1，2，\cdots，N$，则称风险值矢量 $V^i = (v_1^i，v_2^i，\cdots，v_N^i)$ 为第 i 个风险关联因素的风险值矢量；设第 j 个风险关联因素的量化维度为 M，其中第 k 个量化维度在大型水电工程建设影响下的风险值为 v_k^j，并且 $v_k^j \geqslant 0$，$k=1，2，\cdots，M$，则称风险值矢量 $V^j = (v_1^j，v_2^j，\cdots，v_M^j)$ 为第 j 个风险关联因素的风险矢量。

在水电工程建设之前，当地的复杂生态环境维持平衡，这些风险关联因素中的量化维度都对应一个初始值，将这些初始值看成关联因素量化维度的标准值，这些初始值在案例分析时根据水电工程建成前对应的生态环境历史实际情况进行赋值。下面对风险关联因素的风险标准值矢量进行定义。

定义 7.2 风险标准矢量。设第 i 个风险关联因素中第 l 个量化维度的风险标准值为 v_{lo}^i，并且 $v_{lo}^i \geqslant 0$，$l=1，2，\cdots，N$，则称 $V_o^i = (v_{1o}^i，v_{2o}^i，\cdots，v_{No}^i)$ 为第 i 个风险关联因素的风险标准值矢量。

大型水电工程复杂生态环境的风险关联因素之间存在着一定的耦合关系，彼此相互作用和影响，某个关联因素的属性（或量化维度）值的变化可能会引起诸多其他关联因素属性值的变化，这也正是水电工程所造成的风险程度难以测度的重要原因。由于各个风险关联因素量化维度间有一定的差异性，其相互间的影响不具有可比性，考虑到风险关联因素的量化维度在大型水电工程对复杂生态环境的影响下都有所变化，在上述风险矢量和风险标准矢量的基础上引入风险变化值矢量，用量化维度间的变化值矢量来衡量风险关联因素相互间的影响程度。

定义 7.3 风险变化值矢量。两个风险关联因素的量化维度风险值分别为 v_l^i 和 v_k^j，风险标准值为 v_{lo}^i 和 v_{ko}^j，设 第 i 个风险关联因素中第 l 个量化维度的变化值为 p_l^i，第 j 个风险关联因素中第 k 个量化维度的变化值为 p_k^j，则 $P^i = (p_1^i, \ p_2^i, \ \cdots, \ p_N^i)$，$P^j = (p_1^j, \ p_2^j, \ \cdots, \ p_M^j)$ 分别为第 i 个和第 j 个风险关联因素的风险变化值矢量，其中 $p_l^i = \dfrac{|v_l^i - v_{lo}^i|}{v_{lo}^i}$，$p_k^j = \dfrac{|v_k^j - v_{ko}^j|}{v_{ko}^j}$，$l = 1, \ 2, \ \cdots, \ N$；$k = 1, \ 2, \ \cdots, \ M$。

在同一个水电工程建设项目的生态环境系统中，风险关联因素对同一环境有着相似或相异的适宜性，风险关联因素量化维度之间的这一特征与森林景观学中的适宜性机制有相似性，本章引用森林景观学中的单因子耦合度，将第 i 个风险关联因素中第 l 个量化维度与第 j 个风险关联因素中第 k 个量化维度之间的风险影响度定义为 $b_{lk}^{ij} = \dfrac{\min(p_l^i, \ p_k^j)}{\max(p_l^i, \ p_k^j)}$，$0 \leqslant b_{lk}^{ij} \leqslant 1$，此时风险关联因素量化维度变化值差距越大，量化维度之间的风险影响度值越小，说明在水电工程建设对复杂生态环境影响过程之中风险关联因素之间的风险相互影响越小，影响程度值与对应的描述如表 7-3 所示。

表 7-3 风险关联因素量化维度风险影响程度及其相应描述

度值	风险影响程度	风险影响描述
0	无影响	两个量化维度风险值间的改变完全不会引起对方风险值的改变
0.2	微弱影响	两个量化维度风险值之间的相互影响是微弱的，是一种不易察觉的改变
0.4	轻度影响	一个量化维度风险值的改变能够较明显地影响另一量化维度风险值的改变
0.6	中度影响	一个量化维度风险值的改变能较大程度地影响另一量化维度风险值的改变
0.8	重度影响	一个量化维度风险值的改变能极大程度地影响另一量化维度风险值的改变
1.0	完全影响	两个量化维度风险值的改变完全同步，或者两个量化维度完全相同

第 i 个风险关联因素与第 j 个风险关联因素之间的量化维度影响关系矩阵 $B_{N \times M}^{ij}$ 由风险影响度 b_{lk}^{ij} 构成，即有下式：

$$B_{N \times M}^{ij} = \begin{bmatrix} b_{11}^{ij} & b_{12}^{ij} & \cdots & b_{1M}^{ij} \\ b_{21}^{ij} & b_{22}^{ij} & \cdots & b_{2M}^{ij} \\ \vdots & \vdots & & \vdots \\ b_{N1}^{ij} & b_{N2}^{ij} & \cdots & b_{NM}^{ij} \end{bmatrix} \tag{7-1}$$

式中，N 和 M 分别为第 i 个和第 j 个风险关联因素中的量化维度个数。

在群决策问题属性个数为常数的情况下，第 2 章中的相聚度模型可有效地衡量群体中两个决策成员偏好的相聚程度。将此模型引入到本章的风险关联度建模中，风险关联因素对应于成员的偏好，量化维度对应于属性，但由于风险关联因素的量化维度不是常数，即不同风险关联因素的量化维度个数是不同的，因此利用第 2 章式（2-7）相聚度模型，即将量化维度影响关系矩阵 $B_{N \times M}^{ij}$ 引入其中，可解决各个风险因素因量化维度不同而无法比较的问题，定义如下。

定义 7.4　两个风险关联因素风险矢量 V^i 和 V^j 之间的风险关联度模型为

$$r_{ij}(V^i, V^j) = \frac{(|V^i - V_o^i|) \cdot B \cdot (|V^j - V_o^j|)^{\mathrm{T}}}{\|V^i - V_o^i\|_2 \cdot \|B\|_2 \cdot \|V^j - V_o^j\|_2} \tag{7-2}$$

式中，$r_{ij}(V^i, V^j)$ 为风险关联度，V_o^i、V_o^j 为第 i 个和第 j 个风险关联因素的风险标准矢量。由第 2 章式（2-7）可知：对于风险关联因素群体 Ω 中的两个风险矢量 V^i 和 V^j 之间的风险关联度 $r_{ij}(V^i, V^j)$，有不等式：$0 \leqslant r_{ij}(V^i, V^j) \leqslant 1$。

7.4　大型水电工程生态环境风险评价

由于大型水电工程生态环境的风险关联因素众多，并且其包含的量化维度数量及性质存在差异等特点，不同关联因素造成的风险影响程度不尽相同，有些关联因素造成的风险影响程度可能较接近，为了深入反映所有这些关联因素风险影响程度，需要对这些关联因素的风险结构进行分析。由于风险关联因素的规模性，本章采用聚类方法，将这些关联因素进行聚类，利用形成的聚类结构来反映所有关联因素的风险影响，进一步形成生态环境评价结果。

7.4.1　风险关联因素风险结构分析

基于式（7-2）的生态环境风险关联度 $r_{ij}(V^i, V^j)$，对风险关联因素群体 Ω 进行聚类，可以形成 p 个关联因素聚集 $\Omega = \{C^1, C^2, \cdots, C^p\}$。设 s_i 为第 i 个聚集 C^i 所包含的风险关联因素的个数，于是有 $\sum_{i=1}^{p} s_i = t$。聚集 $C^i(i = 1, 2, \cdots, p)$ 的综合风险矢量 $\ddot{V}^i = \{v_z^i \mid v_z^i \in V_l^i\}$，其中 $l = 1, 2, \cdots, s_i$，V_l^i 为第 i 个聚集 C^i 中第 l 个风险关联因素的风险矢量；v_z^i 为第 i 个聚集 C^i 中所包含的风险矢量的量化维度，即第 i 个聚集 C^i 的综合风险矢量的量化维度为该聚集中所包含的所有风险矢量的量化维度（去除风险矢量中重复的量化维度）。这样聚集 C^i 的综合风险矢量的量化维度数量为该聚集中所包含的风险矢量的不重复的量化维度数量之和。

7.4.2　风险关联因素权重模型

设第 i 个聚集 C^i 的综合风险矢量为 $\ddot{V}^i$，第 j 个聚集 C^j 的综合风险矢量为 $\ddot{V}^j$，则这两个聚集的风险关联度记为 $R_{ij}(\ddot{V}^i, \ddot{V}^j)$，聚集 C^i 的权重记为 W_i（$i = 1, 2, \cdots, p$）。

利用式（7-1）确定的量化维度影响关系矩阵 B 的方法来确定两个综合风险矢量的量化维度影响关系矩阵，然后分别计算出 p 个聚集中两个聚集 C^i 和 C^j 的风险关联度 R_{ij}，并且 $R_{ij} = R_{ji}$。于是聚集 C^i 的权重 W_i 可用下式确定：

$$W_i = R_{ii} \Big/ \sum_{j=1}^{p} R_{ij}$$

对该聚集的权重进行归一化得（为方便仍记为 W_i）

$$W_i = W_i \Big/ \sum_{r=1}^{p} W_r \qquad (7-3)$$

分别计算出第 i 个聚集 C^i 中第 l 个风险关联因素与第 k 个风险关联因素间

的风险关联度 r_{lk}^i，其中 l，$k=1$，2，$\cdots$，s_i，并且 $r_{lk}^i = r_{kl}^i$。于是聚集 C^i 的中第 l 个风险关联因素权重 G_l^i 可用下式确定：

$G_l^i = r_{ll} / \sum\limits_{k=1}^{s_i} r_{lk}$，对该风险关联因素的权重进行归一化得（为方便仍记为 G_l^i）

$$G_l^i = G_l^i / \sum\limits_{l=1}^{s_i} G_l^i \qquad (7\text{-}4)$$

综合聚集的权重和聚集中各个风险关联因素的权重得出风险关联因素的综合权重 H_l^i，为

$$H_l^i = W_i \cdot G_l^i \qquad (7\text{-}5)$$

式中，$i=1$，2，$\cdots$，p；$l=1$，2，$\cdots$，s_i，此时 $\sum\limits_{i=1}^{p} \sum\limits_{l=1}^{s_i} H_l^i = 1$。

据此可以将风险关联因素的综合权重进行排序，综合权重的大小说明了对应的风险因素对其他风险因素产生的影响，即产生的风险综合权重大小直接反映了在大型水电工程中对应的生态环境风险关联因素影响下的风险大小，所以较大综合权重的风险关联因素应作为大型水电工程建设中对生态环境影响的重点关注的对象。

7.5　实 例 分 析

本章针对重庆酉酬水电站工程进行实例分析，该工程虽为当地经济发展提供了强劲的电力支撑，也对地区经济发展起到良好的拉动作用，但其对生态环境的影响是不可忽视的，如果处理不当，将产生无法预计的后果。

通过对酉酬水电站的跟踪调查，积累了大量的珍贵历史数据，并参考 2006~2009 年重庆市统计年鉴、中国水利年鉴以及中国科学院三峡工程生态与环境科研项目中的相关数据等，根据表 7-2 中的大型水电站工程复杂生态环境风险关联因素，对酉酬水电工程建成前后的风险关联因素量化维度的标准值和风险值进行选取。标准值来源于 2006 年酉酬水电工程建成前的相关历史数据，风险值来源于 2008 ~ 2009 年工程建成后的实际数据，共 155 个量化维度。与

表7-1 相对应的量化维度的风险标准值（隐去计量单位）和风险值以及根据定义 7.3 计算的风险变化值如表7-4 所示。

表 7-4　酉酬水电工程建成前后的风险关联因素量化维度的风险标准值、风险值和风险变化值

V^i	量化维度值（v_{lo}^i，v_l^i，p_l^i）
v_l^1	(72.8, 138, 0.896)；(0.297, 0.343, 0.155)；(2.96, 1.4, 0.48)；(0.15, 0.12, 0.2)；(0.45, 0.34, 0.244)；(0.9, 0.71, 0.211)
v_l^2	(25.33, 46.71, 0.844)；(15.78, 16.18, 0.025)；(16.3, 19, 0.166)；(0.24, 0.31, 0.292)；(8.7, 8.8, 0.011)；(0.21, 0.12, 0.429)；(0.10, 0.05, 0.5)；(8.45, 4.81, 0.431)
v_l^3	(1.3, 2, 0.538)；(3.2, 5.6, 0.75)；(0.754, 0.837, 0.11)
v_l^4	(15.78, 16.18, 0.025)；(8.7, 8.8, 0.011)；(0.1, 0.12, 0.2)；(3.76, 3.85, 0.024)；(6.0, 5.4, 0.1)；(8.21, 8.21, 0)；(1.32, 1.33, 0.008)；(0.045, 0.043, 0.044)；(0.2, 0.15, 0.25)；(0.10, 0.05, 0.5)
v_l^5	(18.1, 18.6, 0.028)；(79, 82, 0.038)；(1.3, 1.69, 0.3)；(1151.2, 1157.2, 0.005)；(1489.6, 1325.7, 0.11)；(270, 261, 0.033)；(1234.8, 1495.7, 0.211)
v_l^6	(0.15, 0.12, 0.2)；(0.45, 0.34, 0.244)；(3.23, 1.84, 0.431)；(3.5, 2.34, 0.331)；(79, 55, 0.304)；(2, 1.4, 0.3)
v_l^7	(2, 1.4, 0.3)；(279, 151, 0.459)；(8.1, 8.6, 0.062)；(0.97, 1.12, 0.155)；(0.30, 0.30, 0)
v_l^8	(25, 23.7, 0.052)；(1151.2, 1157.2, 0.005)；(32, 21, 0.344)；(35, 42.30, 0.209)
v_l^9	(0.97, 1.12, 0.155)；(1, 1.52, 0.52)；(1, 1.77, 0.77)；(0.30, 0.34, 0.133)
v_l^{10}	(5.5, 5.4, 0.018)；(16.3, 19, 0.166)；(18.1, 18.6, 0.028)
v_l^{11}	(9.60, 10.70, 0.115)；(2, 1.40, 0.3)；(16.3, 19, 0.166)
v_l^{12}	(25, 23.7, 0.052)；(1151.2, 1157.2, 0.005)
v_l^{13}	(9.60, 10.70, 0.115)；(25, 23.7, 0.052)；(1151.2, 1157.2, 0.005)；(25, 11, 0.56)
v_l^{14}	(504, 151, 0.7)；(5.5, 5.4, 0.018)；(0.2, 0.281, 0.405)；(0.10, 0.05, 0.5)；(2, 1.4, 0.3)
v_l^{15}	(32, 21, 0.344)；(4.37, 2.63, 0.398)；(26078, 166110, 5.37)；(42, 40, 0.048)；(3, 2, 0.333)

V^i	量化维度值（v_{lo}^i, v_l^i, p_l^i）
v_1^{16}	（39. 20, 35. 11, 0. 104）；（363, 354, 0. 025）；（32, 30, 0. 063）
v_1^{17}	（31, 20, 0. 355）；（445. 14, 335, 0. 247）；（15. 78, 16. 18, 0. 025）；（2. 51, 2. 13, 0. 151）；（37, 31, 0. 162）
v_1^{18}	（445. 14, 335, 0. 247）；（15. 78, 16. 18, 0. 025）；（1. 89, 0. 445, 0. 765）；（3. 0, 1. 5, 0. 5）；（41, 36, 0. 122）
v_1^{19}	（445. 14, 335, 0. 247）；（15. 78, 16. 18, 0. 025）；（80, 75, 0. 063）；（7. 1, 5. 2, 0. 268）
v_1^{20}	（445. 14, 335, 0. 247）；（15. 78, 16. 18, 0. 025）；（70, 68, 0. 029）；（435, 367, 0. 156）；（6. 72, 4. 88, 0. 274）
v_1^{21}	（445. 14, 335, 0. 247）；（15. 78, 16. 18, 0. 025）；（491, 473, 0. 037）；（23. 40, 21. 40, 0. 085）
v_1^{22}	（38. 6, 31. 2, 0. 192）；（15, 15, 0）；（32, 34, 0. 063）；（1234. 8, 1495. 7, 0. 211）；（1151. 2, 1157. 2, 0. 005）；（13. 5, 12. 4, 0. 081）
v_1^{23}	（2. 10, 3. 73, 0. 776）；（20, 23. 50, 0. 175）；（165. 17, 266. 46, 0. 613）；（272, 522. 92, 0. 923）；（5000, 5328. 4, 0. 066）；（25. 20, 23. 92, 0. 051）
V_1^{24}	（14. 60, 18. 34, 0. 253）；（1. 79, 2. 24, 0. 251）；（1151. 2, 1157. 2, 0. 005）；（1234. 8, 1495. 7, 0. 211）；（13. 5, 12. 4, 0. 081）；（0. 290, 0. 303, 0. 045）；（2031, 2778, 0. 368）；（36. 5, 37. 6, 0. 03）；（29. 36, 29. 93, 0. 019）
v_1^{25}	（10. 3, 19. 1, 0. 854）；（99. 30, 96. 70, 0. 026）；（0. 10, 0. 19, 0. 9）；（1. 89, 1. 93, 0. 021）；（272, 522. 92, 0. 923）；（5000, 5328. 4, 0. 066）
v_1^{26}	（4000, 4635, 0. 16）；（38. 6, 31. 2, 0. 192）；（254, 302, 0. 189）；（180, 267, 0. 483）；（4. 20, 4. 10, 0. 024）
v_1^{27}	（1. 89, 3. 74, 0. 979）；（7. 91, 14. 21, 0. 796）；（14. 60, 18. 34, 0. 256）；（10. 08, 19. 10, 0. 895）；（4555, 6079, 0. 335）；（50. 00, 51. 30, 0. 026）
v_1^{28}	（0, 17. 9, 1）；（0, 5386. 29, 1）；（0, 348. 05, 1）
v_1^{29}	（0, 6890. 69, 1）；（0, 22. 6, 1）；（0, 1. 5, 1）；（0. 24, 0. 31, 0. 292）
v_1^{30}	（0, 2000, 1）；（32, 34, 0. 063）；（0, 19660, 1）；（0, 348. 05, 1）；（0, 5345. 59, 1）；（0, 13335. 41, 1）；（0, 4582. 85, 1）；（272, 522. 92, 0. 923）；（5000, 5328. 4, 0. 066）

基于风险关联度模型（7-2），采用第 2 章的聚类方法对表 7-4 的风险关联因素群体 Ω 进行聚类。聚类阈值 γ 越大，形成的聚集数越多，通过抽取 30 个风险关联因素中的部分因素进行两两关联度计算，发现关联度在 0.4 以上的值占样本的 15% 左右，为保证聚类的合理性和准确性，选取聚类阈值 $\gamma = 0.4$，使较大的风险关联因素集能够合理准确地被划分为较小和较易评价的风险关联因素集合再进行综合风险评价。此时 30 个风险关联因素被聚类成为 15 个聚集，如表 7-5 所示。

表 7-5 酉酬水电站工程复杂生态环境风险关联因素聚类结果

聚集 C^k	V^i	风险关联因素
C^1	V^1，V^3，V^{28}	水文泥沙风险、河流形态风险、库区景观风险
C^2	V^2，V^9，V^{30}	径流水风险，地震风险，施工风险
C^3	V^4	水质风险
C^4	V^5	局地气候风险
C^5	V^6，V^{10}，V^{21}	土壤营养物质风险，土壤盐碱化风险，微生物风险
C^6	V^7，V^{13}	地质风险，泥石流风险
C^7	V^8，V^{12}	水土流失风险，滑坡风险
C^8	V^{11}，V^{18}，V^{19}，V^{20}，V^{22}	土壤沼泽化风险，鱼类风险，浮游植物风险，库区移民安置风险，浮游动物风险
C^9	V^{14}，V^{26}	底质风险，库区社会稳定风险
C^{10}	V^{15}	陆生植物风险
C^{11}	V^{16}	陆生动物风险
C^{12}	V^{17}，V^{27}	水生植物风险，地区经济风险
C^{13}	V^{23}，V^{25}	库区移民健康风险，地区工业风险
C^{14}	V^{24}	地区农业风险
C^{15}	V^{29}	交通建设风险

在风险关联因素聚类结果的基础上，确定各个风险关联因素聚集的量化维度，每个聚集的量化维度由该聚集中各个成员的量化维度组成，用风险关联度模型来计算 15 个聚集间的风险关联度 $R_{ij}(\overrightarrow{V^i}, \overrightarrow{V^j})$，其中 $\overrightarrow{V^i}$ 和 $\overrightarrow{V^j}$ 分别为聚集 C^i 和 C^j 的综合风险矢量，根据式（7-3）计算聚集 C^i 的权重 W_i，15 个聚集

的权重如表7-6 所示。

表7-6　生态环境风险关联因素聚集权重

聚集 C^k	权重 W_i	聚集 C^k	权重 W_i	聚集 C^k	权重 W_i	聚集 C^k	权重 W_i	聚集 C^k	权重 W_i
C^1	0.037	C^4	0.056	C^7	0.219	C^{10}	0.133	C^{13}	0.051
C^2	0.048	C^5	0.041	C^8	0.022	C^{11}	0.121	C^{14}	0.048
C^3	0.070	C^6	0.048	C^9	0.029	C^{12}	0.037	C^{15}	0.042

再根据聚集中风险关联因素权重模型（7-4）和风险关联因素的综合权重模型（7-5），在表7-6 聚集权重的基础上可以得出酉酬水电站工程复杂生态环境所有风险关联因素的综合权重值，如表7-7 所示。如果某聚集只包括1 个风险关联因素，则其权重值为1，所以只对包括大于1 个风险关联因素的聚集计算其中的风险关联因素的权重。

表7-7　生态环境风险关联因素权重

聚集 C^k	风险关联因素	风险关联因素权重 G_l^i	综合权重 H_l^i	聚集 C^k	风险关联因素	风险关联因素权重 G_l^i	综合权重 H_l^i
	V^1	0.234 775	0.008 775		V^{11}	0.178 9	0.00 386
C^1	V^3	0.473 044	0.01 768		V^{18}	0.206 666	0.004 459
	V^{28}	0.292 181	0.010 921	C^8	V^{19}	0.203 406	0.004 389
	V^2	0.223 711	0.010 723		V^{20}	0.232 768	0.005 022
C^2	V^9	0.451 677	0.021 651		V^{22}	0.17 826	0.003 846
	V^{30}	0.324 612	0.01 556		V^{14}	0.453 897	0.012 995
	V^6	0.225 502	0.009 149	C^9	V^{26}	0.546 103	0.015 634
C^5	V^{10}	0.412 499	0.016 736		V^{17}	0.518 871	0.019 339
	V^{21}	0.361 999	0.014 687	C^{12}	V^{27}	0.481 129	0.017 932
	V^7	0.459 592	0.022 212		V^{23}	0.532 937	0.026 973
C^6	V^{13}	0.540 408	0.026 117	C^{13}	V^{25}	0.467 063	0.023 639
	V^8	0.437 782	0.095 665				
C^7	V^{12}	0.562 218	0.122 857				

于是可得大型水电工程生态环境风险关联因素综合权重如表7-8 所示。

表 7-8　大型水电工程生态环境风险关联因素综合权重表

风险关联因素	水文泥沙风险	径流水风险	河流形态风险	水质风险	局地气候风险	土壤营养物质风险	地质风险	水土流失风险	地震风险	土壤盐碱化风险
权重	0.009	0.011	0.018	0.070	0.056	0.009	0.022	0.096	0.022	0.017

风险关联因素	土壤沼泽化风险	滑坡风险	泥石流风险	底质风险	陆生植物风险	陆生动物风险	水生植物风险	鱼类风险	浮游植物风险	浮游动物风险
权重	0.004	0.123	0.026	0.013	0.133	0.121	0.019	0.004	0.004	0.005

风险关联因素	微生物风险	库区移民安置风险	库区移民健康风险	地区农业风险	地区工业风险	库区社会稳定风险	地区经济风险	库区景观风险	施工风险	交通建设风险
权重	0.015	0.004	0.027	0.048	0.024	0.016	0.018	0.011	0.042	0.016

由表 7-8 得出，大型水电工程生态环境风险关联因素综合权重值由大到小依次为陆生植物风险、滑坡风险、陆生动物风险、水土流失风险、水质风险、局地气候风险、地区农业风险、交通建设风险、库区移民健康风险、泥石流风险、地区工业风险、地质风险、地震风险、水生植物风险、地区经济风险、河流形态风险、土壤盐碱化风险、库区社会稳定风险、施工风险、微生物风险、底质风险、库区景观风险、径流水风险、土壤营养物质风险、水文泥沙风险、浮游动物风险、鱼类风险、浮游植物风险、土壤沼泽化风险、库区移民安置风险。

大型水电工程的建设给生态环境带来不同程度的风险，风险关联因素权重值越大，说明工程的建设对生态环境风险影响程度越大。由此可知，重庆酉酬水电工程的建设对陆生植物、滑坡的形成以及陆生动物带来较大的风险影响，而对库区移民安置带来的风险影响相对较小。水电站建设的生态环境保护中参照风险关联因素的权重值大小有重点地进行保护和维护，力争风险损失最小化。与此同时该评价结果也为其他水电站建设的生态环境保护提供借鉴。

7.6　本章小结

大型水电工程由于其本身的特殊性和复杂性，对生态环境的影响及其风险评价也具有广泛性和复杂性，本章结合重庆酉酬水电站建设案例及国内外相关文献构建了大型水电工程复杂生态环境风险关联因素及其量化维度结构，构造了生态环境风险关联因素关联度模型和权重模型，在此基础上应用第 2 章的聚类方法对风险关联因素进行聚类和结构分析，进一步得出生态环境风险关联因素的综合权重值，为水电工程建设生态环境保护和维护提供参考，通过采取有效措施以避免或减少生态环境风险损失，建立利国利民的环境友好型和资源节约型水电工程。同时本章也提供了一种水电工程复杂生态环境风险评价方法。

第8章 重大冰雪灾害应急管理能力评价应用

针对重大冰雪灾害应急管理的复杂性，基于湖南冰雪灾害案例以及国内外自然灾害及其应急管理的相关文献，提出了重大冰雪灾害应急管理能力评价指标结构。运用第2章的复杂大群体偏好聚类及群决策方法确定指标综合权重，采用群决策方法获得专家群体对一级评价指标的综合偏好，形成评价城市的综合评价矩阵，运用灰色综合评价模型求出各个评价城市应急管理能力的排序向量。最后以湖南省冰雪灾害为案例进行了应用。

8.1 引　　言

近年来我国的灾害尤其是重大自然灾害频发，给人民生命财产和我国经济带来重大损失。例如，南方特大雪灾直接经济损失就达 1516.5 亿元，同时暴露出我国面对重大自然灾害应急管理能力的薄弱环节。应急管理能力评价要解决的关键问题是检验各组织或部门在应对重大灾害时所拥有的人力、组织、机构、手段和资源等应急要素的完备性、协调性以及最大限度减轻灾害损失的综合能力（薄涛和李士雪，2007）。

众多学者致力于自然灾害应急管理评价研究。美国是世界上第一个进行政府应急管理能力评价的国家，其突发事件应急管理能力评价体系分三层，指标评分等级为"1、2、3、4、5、当地不适用"6 级，同层指标的权重做等权处理，每个属性的得分为下一层指标得分的平均值（Craig Fugate，2008）。日本地方公共团体防灾能力共包括9 个评价要素，针对每个要素列出具体的问题，每个问题的回答分为两种方式：①是否实施，在"有"和"无"中选择；②实施程度，用数字进行客观的评价（田依林，2008）。中国台湾地区汲取美国、日本的经验，提出了灾害防救工作执行绩效评估体系（吴新燕和顾建华，2007）。

　　评价方法主要有层次分析法、模糊综合评判法、数据包络分析法、人工神经网络评价法、灰色综合评价法，以及综合评价方法的"两两集成"（杜栋和庞庆华，2005）。对于综合赋权法，陈华友（2004）提出了一种多属性决策中的综合赋权法；郭春香和郭耀煌（2005）基于偏序结构、属性值用模糊语言给出且每个属性没有决定权重的多属性决策问题提出了一种综合权重方法。对于灾害应急管理能力评价，铁永波等（2006）运用层次分析法和专家调查法确定指标权重，建立城市灾害应急管理评价模型；刘传铭和王玲（2006）应用平衡计分卡构建指标体系，使用 AHP 多层次模糊评测法研究建立了评价模型；莫靖龙等（2009）运用层次分析法，对湖南长株潭城市群灾害应急管理能力进行综合评价；田依林（2008）运用层次分析法确定城市突发公共事件综合应急能力评价指标体系权重，再用熵权法进行改正，专家对最底层指标打分获得评分值，最后建立多层次模糊综合评价模型等。

　　针对 2008 年冰雪灾害，陈长坤等（2009）构建了冰雪灾害危机事件演化的网络结构；周慧等（2009）从天气学的角度出发，对冰雪灾害的成因进行分析，并对湖南省各行各业的影响进行了评估；荣莉莉和张继永（2010）分析了冰雪灾害连锁反应的演化过程，并分析了事件扩散的原因等。

　　本章充分考虑重大冰雪灾害应急管理能力评价的复杂性，首先利用湖南冰雪灾害案例并结合国内外自然灾害及其应急管理的相关文献，系统地分析了重大冰雪灾害应急管理能力评价指标结构，提出了相应的指标体系，将熵权法与群决策方法相结合确定综合指标权重。运用群决策方法和灰色综合评价法，得出了重大冰雪灾害应急管理能力评价模型。以湖南省冰雪灾害应急管理能力评价作为案例进行应用，为改善和提高重大灾害应急管理能力提供参考。

8.2　重大冰雪灾害应急管理能力评价指标结构分析

　　通过对湖南省灾区调研和查阅大量的文献（杨勇和张贵金，2008；王慧彦和李志伟，2008；高志刚，2008；张振环，2008），分析得出重大冰雪灾害的成因主要有：①基础设施建设不完备，抵御冰雪灾害能力差，体现在交通、电网、房屋等方面；②应急响应跟不上，预警系统落后；③信息管理系统不完备，管理体制落后；④缺乏相应的宣传与教育，公众危机意识淡薄；⑤城市灾害防御系统不完备，必备物资储备不足；⑥缺乏完善的冰雪灾害管理法律体系；⑦媒体报道能力有待加强等。

2008 年春中国南方重大冰雪灾害发生以后，冰雪灾害应急预案相继面世，从国家突发公共事件总体应急预案、湖南省总体应急预案以及冰雪灾害专项应急预案可以看出，重大冰雪灾害发生过程中，预案明确规定了政府各部门的工作职责，各部门统一由政府抗冰救灾指挥部指挥调度，积极配合政府共同抗击冰雪灾害。本章着重考虑重大冰雪灾害灾前应急准备、监测与预警，灾中应急救援，重大冰雪灾害坚持以政府为主导、各部门联动、大众广泛参与的原则，选取冰雪灾害中比较重要的部门进行调研。所涉及的部门、说明以及来源如表 8-1 所示。

表 8-1 重大冰雪灾害应急管理能力评价指标体系所选部门说明

部门	说明	来源
政府抗冰救灾指挥部应急能力	政府起主导作用，指挥协调其他部门抗击冰雪灾害，救援受灾群众	田依林（2008）、铁永波等（2006）、湖南政府门户网站（2008，2009）、王明等（2008）27 位专家
气象部门监测与预警能力	气象部门负责灾害天气的监测和预警，以及雪灾的综合影响评估	湖南政府门户网站（2008，2009）、常国刚（2008）30 位专家
居民应急反应能力	居民应急自救避险能力，在政府的发动下组织志愿者互救	田依林（2008）、铁永波等（2006）、王明等（2008）29 位专家
电力部门应急能力	电力部门做好前期应对准备，抢修瘫痪电网，维持冰雪灾害期间电力供应	张振环（2008）、湖南政府门户网站（2009）、王明等（2008）、范明天等（2007）30 位专家
运输管理部门应急能力	运输管理部门安抚及疏散滞留旅客，保持道路畅通，维护运输秩序	铁永波等（2006）、高志刚（2008）、湖南政府门户网站（2008，2009）、王明等（2008）30 位专家
民政部门应急救援能力	民政部门救助灾民，保证救灾物资供应，筹集救灾资金	湖南政府门户网站（2008，2009）30 位专家

续表

部门	说明	来源
媒体应急报道能力	媒体向居民及时报道灾情，安抚民心，减少居民恐慌、躁动	湖南政府门户网站（2008，2009）、吴锦才（2008）28 位专家
卫生部门医疗保障能力	卫生部门保障应急医生、病床供应	田依林（2008）、湖南政府门户网站（2008，2009）30 位专家
通信部门应急通信能力	通信部门保障居民通信畅通	铁永波等(2006)、湖南政府门户网站(2009)、王明等（2008）、吴锦才（2008）28 位专家
公安部门应急保障能力	公安部门在冰雪灾害期间维护社会治安，保障道路交通安全	田依林（2008）、湖南政府门户网站（2008，2009）25 位专家

　　借鉴美国、日本等发达国家相当完善的重大灾害应急管理能力体系（Craig Fugate，2008；吴新燕和顾建华，2007），吸取我国 2008 年春雪灾的教训（杨勇和张贵金，2008；王慧彦和李志伟，2008；高志刚，2008；张振环，2008），再参考其他学者已经提出的关于其他灾害的应急管理能力评价体系（铁永波等，2006；王明等，2008），根据《国家气象灾害应急预案》中政府主导、部门联动和社会参与的宗旨，以及《湖南省雨雪冰冻灾害应急预案》规定的各部门的工作职责，总结出重大冰雪灾害应急管理能力评价指标体系。重大冰雪灾害应急管理能力指标为：政府抗冰救灾指挥部应急能力（主导作用），气象部门监测与预警能力（灾前监测与预警），居民应急反应能力（大众参与），电力部门应急能力（保电力供应），运输管理部门应急能力（保交通、保民生），其他部门应急能力（不是很重要，但是重大冰雪灾害中不可缺少的部门），构成一级指标（能力层）共 6 个。一级能力层指标涉及 6 个部门，每一个部门按照灾前准备和灾中救援来划分，可得二级指标共 20 个；再根据每个部门的职责划分为最底层评价指标，可得三级指标共 61 个。作者到长沙市、株洲市、湘潭市、娄底市、郴州市等共 30 个政府部门应急管理办公室进行实地调研，访谈各个部门的应急管理专家，然后根据专家的意见对指标体系进行修改，最终得出了比较全面的

重大冰雪灾害应急管理能力评价指标结构，如表8-2所示。

表8-2　重大冰雪灾害应急管理能力评价指标体系

一级能力层	二级指标层	三级指标（属性）层
政府抗冰救灾指挥部应急能力	灾前准备能力	雪灾应急预案；应急管理专家组；宣传教育；法律法规；值班时间
	应急救援能力	雪灾应急指挥机构决策能力；救援人员到达现场的速度；现场指挥救援能力；应急救援队伍；应急救援装备
	应急保障能力	资源整合能力；应急资金保障能力；各部门协调联动能力；救灾信息发布能力；维护市场秩序能力
气象部门监测与预警能力	雪灾监测预警预报能力	灾害性天气监测系统先进程度；气象应急移动监测系统先进程度；气象部门提前预警服务能力
	雪灾评估能力	雪灾等级识别能力；雪灾综合影响评估能力；雪灾预报成功率
	雪灾预警信息发布能力	预警信息及时发布能力；预警信息多渠道发布能力
居民应急反应能力	应急准备能力	居民防灾意识普及程度；储备必须物品能力
	灾民行为反应能力	灾民自救能力；灾民互救能力
	大众参与救援能力	志愿者组织救援能力；社会各界协助救援能力
电力部门应急能力	前期准备能力	处置电网大面积停电事件应急预案；电网结构合理；电线承压能力；供电设备设施融冰能力
	应急供电能力	应急发电车；柴油发电机；电煤供应能力；电力调度能力
	救援保障能力	电力专业抢险救援队伍；电力专业抢险救援装备
运输管理部门应急能力	交通部门	除雪防冻防滑物资供应能力；恢复通车能力；安抚及疏散滞留司乘人员能力
	铁路部门	安抚及转运滞留旅客能力；维护铁路运输秩序能力；保障重要物资运输能力
	航空部门	安抚滞留旅客能力；维护航空运输秩序能力

续表

一级能力层	二级指标层	三级指标（属性）层
其他部门应急能力	民政部门应急救援能力	救助受灾群众能力；救灾物资供应能力；筹集救灾资金能力；监督资金运用能力
	媒体应急报道能力	及时报道灾情；充分报道救灾现场
	卫生部门医疗保障能力	应急医生；应急病床
	通信部门应急通信能力	卫星通信应急保障设备；移动应急通信车；通信专业应急救援队伍
	公安部门应急保障能力	维护社会治安能力；保障道路交通安全能力；协助破冰除雪工作能力

8.3　重大冰雪灾害应急管理能力评价方法

8.3.1　评价偏好矩阵构建

设一级能力层指标(A_j)有 n 个，二级指标（B_k）有 m 个（$m = a_1 + a_2 + \cdots + a_n$，$a_j$ 为第 j 个一级能力指标的细分指标个数，$j = 1$，2，$\cdots$，n），三级指标（C_l）有 s 个（$s = b_1 + b_2 + \cdots + b_m$，$b_k$ 为第 k 个二级指标的细分指标个数，$k = 1$，2，$\cdots$，m）。设评价专家群体为 Ω，其中有 u 个专家成员，记为 $\Omega = \{e_1, e_2, \cdots, e_u\}$（$u \geqslant 2$），其中 e_i 为第 i 个专家成员，$i = 1$，2，$\cdots$，u。

设 n 个一级能力层指标 A_1 至 A_n 的原始权重之和为 1，一级指标 A_1 细分的 a_1 个二级指标原始权重之和为 1，A_2 至 A_n 均类似。同理二级指标 B_1 细分的 b_1 个三级指标原始权重之和为 1，B_2 至 B_m 均类似。

对于评价指标结构中最底层 s 个指标，评价专家 i 关于这 s 个指标的评价值为 v_l^i（$v_l^i \geqslant 0$，$l = 1$，2，$\cdots$，s），则称评价值矢量 $V^i = (v_1^i, v_2^i, \cdots, v_s^i)$ 为第 i 个专家成员的评价偏好矢量（$i = 1$，2，$\cdots$，u）。

定义 8.1　由 u 个专家得出 u 个评价偏好矢量 $\{V^i\}$ 值构成评价偏好矩阵

$R = (V^1, V^2, \cdots, V^u)^T$，即 $R = (r_{il})_{u \times s}$，式中，$r_{il} = v_l^i$。

在应急管理能力评价指标体系中，二级指标共有 m 个，评价偏好矩阵 R 按列被分成 m 块，如对于二级指标 B_1 又细分成 b_1 个三级指标，因此对应的评价偏好矩阵 $R_1 = (r_{il})_{u \times b_1}$。同理可得到评价偏好矩阵 R_2，R_3，$\cdots$，R_m，矩阵行数为评价专家数，列数为每个二级指标细分的三级指标数，这样就有

$$R = [R_1, R_2, \cdots, R_m] = [(r_{il})_{u \times b_1}, (r_{il})_{u \times b_2}, \cdots, (r_{il})_{u \times b_m}]$$

8.3.2 底层评价指标权重确定

1. 基于熵权法确定指标权重

熵权法广泛应用于决策过程中，熵（entropy）的概念源于热力学，后来申农（C. E. Shannon）将其引入信息论，赋予熵广义的概念，设隔离系统可及微观状态为 1，2，3，$\cdots$，W，照统计平均的意义熵的另一种表达形式为 $S = -k \sum_{i=1}^{W} P_i \ln(P_i)$，$P_i = 1/W$（$i = 1, 2, \cdots, W$），熵可以用来度量获取的数据所提供的有用信息量。

将专家数 u 看成 W，将第 l 个指标在 u 个专家中的均值 $r_{il} / \sum_{i=1}^{u} r_{il}$ 看成 P_i，$1/\ln u$ 看成 k。评价偏好矩阵 R_1 可写成 $R_1 = \begin{pmatrix} r_{11} & \cdots & r_{1b_1} \\ \vdots & \ddots & \vdots \\ r_{u1} & \cdots & r_{ub_1} \end{pmatrix}$，设 $H(l)$ 为 R_1 中第 l 个评价指标的熵值，则有

$$H(l) = -\frac{1}{\ln u} \sum_{i=1}^{u} \left[(r_{il} / \sum_{i=1}^{u} r_{il}) \cdot \ln(r_{il} / \sum_{i=1}^{u} r_{il}) \right]; \quad \sum_{i=1}^{u} r_{il} \neq 0; \quad l = 1, 2, \cdots, b_1$$

$$(8-1)$$

式中，当 $r_{il} / \sum_{i=1}^{u} r_{il} = 0$ 时，$(r_{il} / \sum_{i=1}^{u} r_{il}) \cdot \ln(r_{il} / \sum_{i=1}^{u} r_{il}) = 0$。则第 l 个评价指标的熵权可表示为

$$t_l = (1 - H(l))/(b_1 - \sum_{l=1}^{b_1} H(l)) , \ l = 1, \ 2, \ \cdots, \ b_1 \qquad (8\text{-}2)$$

因此在三级指标层中，这 b_1 个评价指标的权重向量为 $T_1 = (t_1, \ t_2, \ \cdots,$ $t_{b_1})$，同理可得三级指标层中其他指标的权重向量 $T_2, \ T_3, \ \cdots, \ T_m$。于是可得三级指标层指标权重为

$$T = (T_1, \ T_2, \ \cdots, \ T_m) = (t_1, \ \cdots, \ t_{b_1}, \ \cdots t_{b_2}, \ \cdots, \ t_{b_m}) \qquad (8\text{-}3)$$

2. 基于专家群体决策确定指标权重

首先等分同一层的细分指标权重，如三级指标 $C_l \sim C_{b_1}$ 的原始权重为 $U_1 = (u_1, \ \cdots, \ u_l, \ \cdots, \ u_{b_1})$，其中 $u_l = 1/b_1, \ l = 1, \ 2, \ \cdots, \ b_1$。每个专家修改各个指标的原始权重值，$U'_{i1} = (u'_{i1}, \ u'_{i2}, \ \cdots, \ u'_{il}, \ \cdots, \ u'_{ib_1})$ 为第 i 个专家对三级指标 $C_l \sim C_{b_1}$ 原始权重进行修改后的权重向量，其中满足 $\sum_{l=1}^{b_1} u'_{il} = 1, \ i = 1,$ $2, \ \cdots, \ u$。这样，u 个专家的权重向量的平均值即为专家群体最后确定的指标权重向量 U'_1，即

$$U'_1 = \frac{1}{u} (\sum_{i=1}^{u} U'_{i1}) = (u'_1, \ \cdots, \ u'_l, \ \cdots, \ u'_{b_1}) \qquad (8\text{-}4)$$

式中，$u'_l = \frac{1}{u} (\sum_{i=1}^{u} u'_{il})$，且满足 $\sum_{l=1}^{b_1} u'_l = 1$。于是，三级指标层指标权重为

$$U' = (U'_1, \ U'_2, \ \cdots, \ U'_m) = (u'_1, \ \cdots, \ u'_{b_1}, \ \cdots, \ u'_{b_2}, \ \cdots, \ u'_{b_m}) \qquad (8\text{-}5)$$

3. 评价指标综合权重确定

三级指标 $C_l \sim C_{b_1}$ 由熵权法确定的权重向量为 $T_1 = (t_1, \ t_2, \ \cdots, \ t_{b_1})$，由专家群体决策确定的权重向量为 $U'_1 = (u'_1, \ u'_2, \ \cdots, \ u'_{b_1})$，则第 l 个指标的综合权重为

$$w_l = \frac{t_l u'_l + t_l + u'_l}{\sum_{l=1}^{b_1} (t_l u'_l + t_l + u'_l)}, \ l = 1, \ 2, \ \cdots, \ b_1 \qquad (8\text{-}6)$$

则显然有

$$0 \leqslant w_l \leqslant 1 , \ 且 \sum_{l=1}^{b_1} w_l = 1$$

指标综合权重集结每个评价专家的意见和指标本身的相对重要性，结合两类赋权法的优点，可以有效克服单个权重方法的不足。

因此三级指标 $1 \sim b_1$ 的综合权重向量为 $W_1 = (w_1, w_2, \cdots, w_{b_1})$。同理可得三级指标层中其他指标的综合权重向量 $W_2, W_3, \cdots, W_m$。因此三级指标层的指标综合权重为

$$W = (W_1, W_2, \cdots, W_m) = (w_1, \cdots, w_{b_1}, \cdots, w_{b_2}, \cdots, w_{b_m}) \quad (8-7)$$

8.3.3 顶层评价指标权重集结

将评价偏好矩阵 R_1 与指标综合权重向量 W_1 进行合成，可得 u 个评价专家对二级指标 B_1 的评价值向量（仍记为 B_1）为

$$B_1 = R_1 o W_1^{\mathrm{T}} = (b_{11}, b_{21}, \cdots, b_{i1}, \cdots, b_{u1})^{\mathrm{T}} \quad (8-8)$$

式中，$b_{i1} = \sum_{l=1}^{b_1} r_{il} \cdot w_l$。同理可得：$B_2 = R_2 o W_2^{\mathrm{T}}, B_3, \cdots, B_m$。于是二级指标评价值偏好矩阵为

$$B = (B_1, B_2, \cdots, B_m) = \begin{bmatrix} b_{11} & b_{12} & \cdots & b_{1m} \\ b_{21} & b_{22} & \cdots & b_{2m} \\ \vdots & \vdots & & \vdots \\ b_{u1} & b_{u2} & \cdots & b_{um} \end{bmatrix}$$

$$= (B_1, \cdots, B_{a_1}, \cdots, B_{a_2}, \cdots, B_{a_n}) = \begin{bmatrix} b_{11} & \cdots & b_{1a_1} & \cdots & b_{1a_2} & \cdots & b_{1a_n} \\ b_{21} & \cdots & b_{2a_1} & \cdots & b_{2a_2} & \cdots & b_{2a_n} \\ \vdots & \vdots & \vdots & & \vdots & & \vdots \\ b_{u1} & \cdots & b_{ua_1} & \cdots & b_{ua_2} & \cdots & b_{ua_n} \end{bmatrix}$$

$$= (A_1, A_2, \cdots, A_n)$$

由于一级能力指标 A_1 细分的指标为 a_1 个二级指标，因此评价值向量 B_1, $B_2, \cdots, B_{a_1}$ 可构成 u 个专家对二级指标 $B_1 \sim B_{a_1}$ 的评价偏好矩阵 $A_1 = (B_1, B_2, \cdots, B_{a_1})_{u \times a_1}$，同理可得 $A_2, A_3, \cdots, A_n$（矩阵行数为评价专家数，列数为

每个一级指标细分的二级指标个数)。对评价偏好矩阵 A_1 由式 (8-1) ~ 式 (8-7) 求得二级指标 $B_l \sim B_{a_1}$ 的综合权重向量为 $W'_1 = (w'_1, w'_2, \cdots, w'_{a_1})$。同理可得二级指标层中其他指标的综合权重向量 $W'_2, W'_3, \cdots, W'_n$。因此二级指标层的指标综合权重为

$$W' = (W'_1, W'_2, \cdots, W'_n) = (w'_1, \cdots, w'_{a_1}, \cdots, w'_{a_2}, \cdots, w'_{a_n}) \quad (8-9)$$

将评价偏好矩阵 A_1 与综合权重向量 W'_1 进行合成,可得 u 个评价专家对一级能力指标 A_1 的评价值偏好矢量为

$$D_1 = A_1 o W_1'^{\mathrm{T}} = (d_{11}, d_{21}, \cdots, d_{i1}, \cdots, d_{u1})^{\mathrm{T}}$$

式中, $d_{i1} = \sum_{k=1}^{a_1} b_{ik} \cdot w'_k$,同理可得 $D_2 = A_2 o W_2^{\mathrm{T}}, D_3, \cdots, D_n$。

因此评价值向量 $D_1, D_2, \cdots, D_n$ 可构成 u 个专家对一级能力指标的评价偏好矩阵:

$$D = (D_1, D_2, \cdots, D_n)_{u \times n} = \begin{bmatrix} d_{11} & d_{12} & \cdots & d_{1n} \\ d_{21} & d_{22} & \cdots & d_{2n} \\ \vdots & \vdots & & \vdots \\ d_{u1} & d_{u2} & \cdots & d_{un} \end{bmatrix} \quad (8-10)$$

同理,由式 (8-1) ~ 式 (8-7) 可确定这 n 个一级指标的综合权重向量为

$$W'' = (w''_1, w''_2, \cdots, w''_n) \quad (8-11)$$

8.3.4　评价群体对一级能力指标偏好获取

u 个专家对一级能力层指标的评价偏好矩阵 D(其中矩阵行数为评价专家数,列数为一级能力层指标个数),对矩阵 D 按行划分得第 i 个评价专家成员关于这 n 个能力指标的评价偏好值 d_{ij}($d_{ij} \geq 0, j = 1, 2, \cdots, n$),即第 i 个专家的评价偏好矢量为 $D_i = (d_{i1}, d_{i2}, \cdots, d_{in})$, $i = 1, 2, \cdots, u$。

对 u 个评价偏好矢量集合 $\{D_i \mid i = 1, 2, \cdots, u\}$,其中两个偏好矢量 D_i 和 D_j 间的相聚度设为 $r_{ij}(D_i, D_j) = \dfrac{(\mid D_i - \overline{D_i} \mid) \cdot (\mid D_j - \overline{D_j} \mid)^{\mathrm{T}}}{\parallel D_i - \overline{D_i} \parallel_2 \cdot \parallel D_j - \overline{D_j} \parallel_2}$,采用第 2 章的复

杂大群体聚类方法对偏好矢量集 $\{D_i\}$ 进行聚类，可以形成 K 个偏好矢量聚集 $\{C^1,\ C^2,\ \cdots,\ C^K\}$，其中聚集 C^k 成员数为 n_k，并且有 $\sum\limits_{k=1}^{K} n_k = u$。则群体偏好矢量为

$$E = \sum_{k=1}^{K} \frac{n_k}{u} G_k \Big/ \Big\| \sum_{k=1}^{K} \frac{n_k}{u} G_k \Big\|_2 = (e_1,\ e_2,\ \cdots,\ e_n) \qquad (8\text{-}12)$$

式中，$G_k = \sum\limits_{D_i \in C^k} D_i \Big/ \Big\| \sum\limits_{D_i \in C^k} D_i \Big\|_2$ 为聚集 C^k 的偏好矢量。

8.3.5　各市雪灾应急管理能力综合排序

运用式（8-12），可得评价群体对第 i 个城市应急管理能力评价偏好矢量 $E_i = (e_{i1},\ e_{i2},\ \cdots,\ e_{in})$，$i = 1,\ 2,\ \cdots,\ p$，其中 p 为参与评价的城市个数。由 $E_1,\ E_2,\ \cdots,\ E_p$ 组成的综合评价矩阵记为 $Y = (E_1,\ E_2,\ \cdots,\ E_p)^{\mathrm{T}} = (e_{ij})_{p \times n}$。

设 $e_j^*(j = 1,\ 2,\ \cdots,\ n)$ 为第 j 个能力指标在各个城市中的最优值，即为综合评价矩阵 Y 中每一列中的最优值，如果某一指标值实际要求越大越好，则该指标为各城市中的最大值，反之取最小值。记 $E^* = (e_1^*,\ e_2^*,\ \cdots,\ e_n^*)$ 最优指标矢量，作为参考指标矢量。

第 i 个城市在第 j 个评价指标 e_{ij} 的作用下与其最优指标 e_j^* 的隶属度定义为

$$\eta_i(j) = \frac{\min\limits_{i} \min\limits_{j} |e_j^* - e_{ij}| + \rho \max\limits_{i} \max\limits_{j} |e_j^* - e_{ij}|}{|e_j^* - e_{ij}| + \rho \max\limits_{i} \max\limits_{j} |e_j^* - e_{ij}|} \qquad (8\text{-}13)$$

式中，$i = 1,\ 2,\ \cdots,\ l$；$j = 1,\ 2,\ \cdots,\ n$，分辨系数 $\rho \in [0,\ 1]$，一般取 $\rho = 0.5$。

由隶属度 $\eta_i(j)$ 组成综合评价矩阵 $\tilde{Y}$，根据式（8-11），一级能力层指标的综合权重为 W'''，这样综合评价结果为：$\tilde{R} = \tilde{R} \cdot W'''$，即

$$r_i = \sum_{j=1}^{n} w''_j \cdot \eta_i(j) \qquad (8\text{-}14)$$

若 r_i 最大，则说明 $\{E_i\}$ 与最优指标 $\{E^*\}$ 最接近，亦即第 i 城市的雪灾应急管理能力优于其他城市，据此，可以排出各城市的雪灾应急管理能力的排序结果。

8.4　应用实例

8.4.1　专家群体评价原始数据

本节以湖南省长沙市、株洲市、湘潭市、娄底市、郴州市为例,应用以上提出的评价方法,得出各市的综合排序向量。通过实地调研获得评价数据(按 1~5 等级,原始数据过于庞大而隐去),应急管理专家来自不同部门和不同地域,有市政府、气象局、水利局、交通局、电业局、民政局等共 30 人,对第三层指标进行评价,可得 30 个评价偏好值矢量,构成评价矢量集 $\{V^i \mid i=1, 2, \cdots, 30\}$。

8.4.2　确定指标权重值

由于考虑到本案例所调研的湖南省 5 个市的特殊性,表 8-2 中的指标体系去掉二级指标航空部门以及它的细分指标,因此实地调研的一级指标 6 个,二级指标 19 个,三级指标 59 个。根据实地调研原始数据,运用式(8-1)~式(8-7),可分别求得利用熵权法和专家群体决策的权重以及综合权重,如表 8-3 所示。

表 8-3　三级指标权重

指标	C_1	C_2	C_3	C_4	C_5	C_6	C_7	C_8	C_9	C_{10}	C_{11}	C_{12}	C_{13}	C_{14}
熵权	0.098	0.217	0.318	0.284	0.084	0.127	0.139	0.132	0.266	0.336	0.172	0.236	0.237	0.19
专家群体	0.21	0.197	0.203	0.197	0.193	0.2	0.2	0.2	0.2	0.2	0.207	0.197	0.199	0.194
综合权重	0.149	0.207	0.266	0.244	0.133	0.160	0.167	0.163	0.236	0.274	0.188	0.218	0.219	0.191

指标	C_{15}	C_{16}	C_{17}	C_{18}	C_{19}	C_{20}	C_{21}	C_{22}	C_{23}	C_{24}	C_{25}	C_{26}	C_{27}	C_{28}	C_{29}
熵权	0.166	0.214	0.559	0.227	0.420	0.319	0.261	0.482	0.518	0.519	0.482	0.580	0.420	0.668	0.332
专家群体	0.203	0.35	0.305	0.345	0.32	0.339	0.34	0.508	0.492	0.513	0.487	0.502	0.498	0.49	0.51
综合权重	0.183	0.275	0.445	0.280	0.376	0.328	0.296	0.494	0.506	0.519	0.481	0.549	0.451	0.595	0.405

指标	C_{30}	C_{31}	C_{32}	C_{33}	C_{34}	C_{35}	C_{36}	C_{37}	C_{38}	C_{39}	C_{40}	C_{41}	C_{42}	C_{43}	C_{44}
熵权	0.197	0.268	0.194	0.341	0.402	0.213	0.277	0.108	0.570	0.430	0.476	0.237	0.287	0.538	0.240
专家群体	0.238	0.255	0.252	0.255	0.245	0.242	0.253	0.260	0.500	0.500	0.324	0.347	0.327	0.332	0.332
综合权重	0.214	0.263	0.220	0.304	0.332	0.225	0.267	0.176	0.542	0.458	0.410	0.286	0.304	0.450	0.279

指标	C_{45}	C_{46}	C_{47}	C_{48}	C_{49}	C_{50}	C_{51}	C_{52}	C_{53}	C_{54}	C_{55}	C_{56}	C_{57}	C_{58}	C_{59}
熵权	0.222	0.162	0.176	0.338	0.325	0.515	0.485	0.519	0.481	0.458	0.289	0.252	0.228	0.403	0.370
专家群体	0.335	0.26	0.262	0.240	0.238	0.5	0.5	0.5	0.5	0.335	0.332	0.332	0.334	0.337	0.327
综合权重	0.271	0.206	0.215	0.293	0.285	0.509	0.491	0.511	0.489	0.406	0.308	0.286	0.274	0.376	0.351

由隐去的原始数据运用熵权法式 (8-1)~式 (8-2) 可求得一级指标的客观权重为 $T=$ (0.119, 0.220, 0.248, 0.155, 0.184, 0.074)。综合 30 位专家群体对各级指标的权重值,运用式 (8-4),可得一级指标的专家群体决策权重为 $U'=$ (0.208, 0.171, 0.150, 0.160, 0.163, 0.150)。同理运用式 (8-6) 可得一级指标的综合权重向量为 $W''=$ (0.162, 0.198, 0.201, 0.157, 0.174, 0.108)。

8.4.3 上层评价指标权重集结

专家群体对三级指标的评价值偏好矩阵 R,运用式 (8-8),可集结为二级指标的评价值偏好矩阵 B,运用式 (8-10),可集结为一级指标的评价偏好矩阵 D。30 位专家对一级指标评价值如表 8-4 所示。

表 8-4　专家群体成员一级指标评价偏好矢量表

V^i	A_1	A_2	A_3	A_4	A_5	A_6	V^i	A_1	A_2	A_3	A_4	A_5	A_6
V^1	4.407	4.241	4.567	4.479	4.428	4.365	V^{16}	3.644	2.704	3.000	3.000	3.000	4.000
V^2	3.804	3.793	3.160	3.841	4.000	3.959	V^{17}	4.386	4.181	3.157	3.868	4.000	4.002
V^3	4.431	3.903	3.919	3.408	4.245	4.416	V^{18}	3.720	4.181	2.785	3.301	3.673	4.000
V^4	4.638	2.552	2.741	3.060	4.000	3.274	V^{19}	3.615	3.642	2.698	3.684	3.841	3.845
V^5	4.162	4.304	3.541	4.148	4.227	4.449	V^{20}	3.747	3.435	3.462	3.918	3.245	3.547
V^6	3.312	4.421	1.901	3.120	3.414	3.924	V^{21}	3.401	3.526	3.317	3.614	4.169	3.784
V^7	4.072	4.004	3.157	3.664	3.429	3.736	V^{22}	3.711	3.223	3.453	3.962	3.245	3.774
V^8	4.497	4.282	3.546	4.229	4.841	4.181	V^{23}	3.244	2.731	3.000	2.936	2.773	3.383
V^9	4.638	4.156	3.864	4.287	3.894	4.292	V^{24}	3.466	4.348	3.000	4.059	4.277	4.233
V^{10}	4.606	4.004	4.036	3.998	3.815	3.780	V^{25}	3.673	3.000	3.247	2.788	3.387	3.221
V^{11}	3.646	3.000	2.462	3.269	3.245	3.555	V^{26}	3.830	3.359	3.623	4.059	4.446	4.395
V^{12}	3.336	3.704	3.000	3.412	3.000	3.760	V^{27}	3.573	3.000	3.326	3.665	3.245	3.441
V^{13}	3.146	3.112	2.768	3.501	3.121	3.512	V^{28}	3.640	3.359	3.160	3.826	4.000	4.091
V^{14}	3.802	3.436	2.765	3.301	3.673	4.000	V^{29}	4.032	3.852	3.553	2.809	3.773	3.782
V^{15}	3.972	3.728	3.541	3.944	4.331	4.212	V^{30}	4.000	3.182	3.000	4.000	3.245	4.000

8.4.4　评价群体对一级能力指标偏好

运用式（8-12），取阈值 $\gamma = 0.8$ 对表 8-4 的 30 个专家偏好矢量集进行聚类，得到专家评价群体对各个市的评价偏好矢量，如表 8-5 所示。

表 8-5　专家评价群体成员聚类表

被评城市	n_k	聚集成员 V^i	聚集偏好矢量	群体偏好矢量 E^i
长沙市	2	V^1, V^6	(0.404, 0.454, 0.339, 0.398, 0.411, 0.434)	(0.439, 0.407, 0.349, 0.389, 0.43, 0.429)
	2	V^2, V^5	(0.411, 0.418, 0.346, 0.412, 0.424, 0.434)	
	1	V^3	(0.445, 0.392, 0.393, 0.342, 0.426, 0.443)	
	1	V^4	(0.548, 0.302, 0.324, 0.362, 0.473, 0.387)	

被评城市	n_k	聚集成员 V^i	聚集偏好矢量	群体偏好矢量 E^i
株洲市	4	V^7, V^8, V^9, V^{11}	(0.448, 0.410, 0.346, 0.410, 0.409, 0.419)	(0.438, 0.413, 0.358,
	1	V^{10}	(0.464, 0.404, 0.407, 0.403, 0.385, 0.381)	0.415, 0.398, 0.423)
	1	V^{12}	(0.403, 0.447, 0.362, 0.412, 0.362, 0.454)	
	1	V^{13}	(0.401, 0.397, 0.353, 0.446, 0.398, 0.448)	
湘潭市	4	V^{14}, V^{15}, V^{17}, V^{18}	(0.431, 0.421, 0.332, 0.391, 0.425, 0.440)	(0.437, 0.405, 0.341,
	1	V^{16}	(0.457, 0.339, 0.376, 0.376, 0.376, 0.502)	0.389, 0.416, 0.453)
娄底市	2	V^{19}, V^{24}	(0.385, 0.435, 0.310, 0.421, 0.442, 0.440)	(0.408, 0.400, 0.366,
	2	V^{20}, V^{22}	(0.427, 0.381, 0.396, 0.451, 0.371, 0.419)	0.425, 0.412, 0.434)
	1	V^{21}	(0.381, 0.395, 0.371, 0.405, 0.467, 0.424)	
	1	V^{23}	(0.439, 0.369, 0.406, 0.397, 0.375, 0.457)	
郴州市	2	V^{25}, V^{27}	(0.448, 0.371, 0.406, 0.399, 0.410, 0.412)	(0.433, 0.376, 0.380,
	3	V^{26}, V^{28}, V^{30}	(0.416, 0.359, 0.355, 0.431, 0.424, 0.453)	0.402, 0.420, 0.435)
	1	V^{29}	(0.450, 0.430, 0.397, 0.314, 0.422, 0.423)	

8.4.5　各市冰雪灾害应急管理能力综合排序

由各个市的应急管理专家群体偏好矢量 E^i 组成综合评价偏好矩阵 Y（行数为城市个数，列数为一级能力层指标数）

$$Y = \begin{bmatrix} 0.439 & 0.407 & 0.349 & 0.389 & 0.430 & 0.429 \\ 0.438 & 0.413 & 0.358 & 0.415 & 0.398 & 0.423 \\ 0.437 & 0.405 & 0.341 & 0.389 & 0.416 & 0.453 \\ 0.408 & 0.400 & 0.366 & 0.425 & 0.412 & 0.434 \\ 0.433 & 0.376 & 0.380 & 0.402 & 0.420 & 0.435 \end{bmatrix}$$

则最优指标集 $E^* = (0.439, 0.413, 0.380, 0.425, 0.430, 0.453)$，再对偏好矩阵 Y 运用式（8-13），可求得 Y 中每一个评价指标与最优指标的隶属度 $\eta_i(j)$

组成综合评价矩阵 $\tilde{Y} =$
$$\begin{bmatrix} 1 & 0.771 & 0.383 & 0.344 & 1 & 0.449 \\ 0.937 & 1 & 0.473 & 0.651 & 0.377 & 0.393 \\ 0.893 & 0.709 & 0.333 & 0.342 & 0.584 & 1 \\ 0.386 & 0.6 & 0.575 & 1 & 0.528 & 0.508 \\ 0.777 & 0.339 & 1 & 0.448 & 0.662 & 0.522 \end{bmatrix}$$ ，由

8.4.2 节求得一级能力层指标综合权重 $W'' = $ (0.162, 0.198, 0.201, 0.157, 0.174, 0.108)，运用式 (8-14)，可求得各市的综合排序向量为 $\tilde{R} = \tilde{R} \times W'' = $ (0.668, 0.655, 0.615, 0.601, 0.636)$^\mathrm{T}$。

可知，重大冰雪灾害应急管理能力各市综合排序为：长沙市第一、株洲市第二、郴州市第三、湘潭市第四、娄底市第五。

8.5 本章小结

重大冰雪灾害应急管理涉及的因素广泛而复杂，本章基于湖南省冰雪灾害案例并结合国内外相关文献提出了重大冰雪灾害应急管理能力评价指标结构。在此基础上提出了重大冰雪灾害应急管理能力评价方法，并应用于湖南省雪灾案例，最终得出案例中5个城市冰雪灾害应急管理能力强弱排序向量，依次为长沙市、株洲市、郴州市、湘潭市、娄底市。长沙市是湖南省的省会城市，全省各市经济中排名第一，市政府应急管理办公室成立的时间比较早，下辖五个区均成立应急管理办公室，均有专人负责，各个部门工作到位，设备技术先进，能很好地应对重大冰雪灾害。株洲市、区、街道、社区均成立应急管理办公室，市政府应急报警电话宣传到位，24小时值班制，能发动群众抗击冰雪灾害。郴州市是2008年冰雪灾害的重灾区，经过两年的发展取得一些进步，主要有不断完善雪灾应急预案、设备技术更新、加大资金投入，气象监测更准、气象灾害预报成功率提高，郴州市电力主干线改造，引进直融冰技术，电力部门应急体系不断完善。湘潭市政府对气象部门投资几百万，正在建全自动化语音报警系统，能自动监测灾害性天气并直接向居民报警，提高了气象部门的预报成功率。娄底市由于经费不足，政府投资不够，还待进一步提升应急管理工作水平。

第9章　长株潭城市群"两型"产业评价支持系统应用

9.1　系统背景与需求分析

　　长株潭城市群于 2007 年 12 月 14 日被国务院批准成为"全国资源节约型和环境友好型社会建设综合配套改革试验区"。长株潭三市 2007 年生产总值占全省的 30% 以上,已初步形成化工、冶金、机械等支柱产业,其产值占三市全部工业的比重超过 70% 。但由于产业结构和工业企业地区分布的极不合理,试验区分布了多个属于典型的资源粗放、环境污染的冶金化工工业区,如株洲清水塘冶金化工工业区分布了国家最大的铅锌生产基地株洲冶炼集团有限公司等工业企业 100 多家,冶金化工产业产值占工业总产值的 89% ,但同时污染物排放量巨大。2007 年株洲清水塘工业区排放的各种工业废渣超过 200 万吨,历年堆存量逐年增长,其中重金属废渣达到 200 万吨,粉煤灰、脱硫石膏等超过 1000 万吨,电石渣超过 200 万吨,已经造成该地区 8 平方千米土壤和地下水的污染及资源的极大浪费。针对试验区产业现状,建立符合自身发展特点的两型社会试验区循环经济技术模式是长株潭试验区发展的迫切需求。针对这一重大需求,迫切需要对长株潭城市群"两型"产业进行评价,为试验区经济结构实现战略性调整与实现经济又好又快发展提供经验与思路,利用本书提出的复杂大群体决策模型方法和支持平台进行应用是一个尝试。

9.1.1　产业"两型"化发展内涵和特征

　　以技术创新和管理创新为手段,以提高经济、社会、生态环境效益为目的，促进产业体系向着资源消耗低、环境污染少的方向发展，从而做到产业结构优化升级和增强产业的持续发展能力，符合两型社会建设对产业发展的要求。

1. 生产具有明显资源节约特征

一是资源消耗低。其生产经营活动能做到资源的高效利用，投入的各类资源较少，主要依靠劳动、技术、资金等其他要素的投入，且能够使有限的资源投入获得最大的产出。二是产出直接服务于节约资源，能最大限度地节约自然资源的使用，提高资源产出效率和综合利用效率，做到节能、节材、节水、节地等。

2. 生产具有明显环境友好特征

一是环境污染少。其生产经营活动"三废"排放较少，且对环境影响程度轻，采用清洁生产、节能降耗和循环经济生产技术和管理方式，减少污染物排放和有效降低排放物对环境的影响。二是产出能直接应用于减少废水、废气、废渣等排放，改善环境、防治污染、使得生产经营活动符合低碳经济和绿色经济要求，最大限度减少对生态环境影响。

3. 具有产业构成高级化特征

从整体上看，产业结构能做到不断优化升级，对自然资源依赖逐步减少，技术含量和附加值增加，产业素质提升，表现为服务业、高新技术产业比重等提高。

4. 创新特征突出可持续发展能力强

其生产经营活动注重高新技术研究开发和应用，采用先进的生产工艺和方法，并具有较高的管理水平，减少资源消耗、降低环境影响的同时，产品更加符合消费者的需求。既适应当前资源和环境的承载能力，又满足将来人和自然和谐发展的要求，不断朝"低消耗、低投入、低污染、高产出"的方向发展，符合新型工业化的要求，具有较强的持续发展能力。

9.1.2 评价需求与目标

全面发展符合"两型社会"建设目标的"两型产业"，产业是区域经济和社会可持续发展的重要基石，"两型社会"的建设需要有强大的产业支撑，所以"两型社会"建设的关键在于发展"两型产业"。"两型产业"可以全面推进结构优化、节能环保、技术进步与体制机制创新等，相应带动生活消费方式以及整个发展方式的转变，源源不断地为"两型社会"的建设提供动力。随着产业结构以及人们知识水平的变化，对一个产业是否是"两型产业"的界定标准尚未统一，这就造成了产业在两型化过程中发展方向与"两型社会"的建设目标不一致的现象。

在这样的大背景下，有必要开发出评价产业两型化水平的决策支持系统，为政府界和产业界在评定"两型产业"时提供决策支持。

1. 为"两型社会"的建设提供科学的决策工具

"两型社会"的构建需要多方面的努力，更需要"两型产业"的支撑，产业两型化水平评价决策支持系统将产业作为研究对象，从建设"两型社会"的角度来评定产业的两型化水平，为"两型社会"建设在决策过程提供科学的决策工具。

2. 协助政府决策，科学界定"两型产业"

在"两型社会"建设目标和科学发展观的指导下，"两型产业"有必要制定合理的评价指标以及科学的评价方法，产业两型化水平评价支持系统有助于政府有效率地对"两型产业"进行界定，科学地制定符合"两型产业"发展的方针政策。

3. 辅助产业决策，找出"两型"差距，加快产业两型化的进度

此系统通过评价产业的两型化水平可以帮助产业认清自身与"两型"产

业之间的差距，帮助决策者更好地具体确定资源节约、环境友好的发展方向，在企业两型化的共同努力下，又好又快地加速产业两型化的发展进度，为"两型社会"建设提供有力保障。

系统开发的总目标是：通过自动、半自动、人工等方式获取产业在资源节约、环境友好、产业构成、创新能力等方面的相关信息，并充分结合评价专家的评价结果对产业的两型化水平进行在线和实时的评价，并通过此系统生成的评价报告对产业在两型化过程中出现在问题提出辅助性决策建议。

本系统是采用主客观结合的方式对产业的两型化水平进行评价，通过基本信息（数据）的收集来客观地反映产业两型化相关指标值，评价专家登录到指定的服务器就可以根据自己的专业知识和偏好对产业的两型化水平进行主观的评价，这样可以弥补客观评价的不足，综合考虑能够反映产业两型水平的因素。

9.2　产业"两型"化发展水平评价指标体系

产业"两型"化是指对现行产业实施资源节约型、环境友好型（简称"两型"）改造，其发展是以技术创新和管理创新为手段，以提高经济、社会、生态环境效益为目的，促进产业体系向着资源消耗低、环境污染少的方向发展，从而做到产业结构优化升级和增强产业的持续发展能力，符合两型社会建设对产业发展的要求。

根据两型化产业的特征，确定在资源节约、环境友好、产业构成、创新能力四个方面进行评价（一级指标）。每个方面请各成员提出指标，要求所提出的指标既要反映产业发展的特征，又能够取得数据。通过几轮筛选，得出每个方面包含 3 个指标，共 12 个指标（二级指标，指标具体含义和来源见附注），全部为正向指标，具体如表 9-1 所示。

表9-1 产业两型化发展评价指标

一级指标	代号	二级指标	计量单位
资源节约	X1	单位能耗 GDP 产出	万元/吨标准煤
	X2	单位取水量工业增加值	万元/立方米
	X3	工业用地效率	万元/公顷
环境友好	X4	单位二氧化硫排放量的工业增加值	万元/吨
	X5	单位化学需氧量排放量的工业增加值	万元/吨
	X6	单位固体废物产生量的工业增加值	万元/吨
产业构成	X7	第三产业增加值占 GDP 比重	%
	X8	高新技术产业增加值占 GDP 比重	%
	X9	规模工业增加值与原材料工业增加值比值	倍数
创新能力	X10	工业企业科技活动人员占年平均从业人员比重	%
	X11	工业企业新产品销售收入占全部销售收入比重	%
	X12	工业企业研究开发 R&D 经费投入占销售收入比重	%

注：指标说明与计算（本章相关资料和数据取自于中南大学商学院长株潭两型社会建设课题组调查资料）

1. 资源节约

（1）单位能耗 GDP 产出。指报告期内单位消耗的能源所产出的 GDP。计算公式：单位能耗 GDP 产出＝报告期 GDP/同期能源消耗量。计量单位：万元/吨标准煤。资料来源：分别取自国民经济和能源统计年报。

（2）单位用水量工业增加值。指报告期内单位消耗的水所产出的工业增加值。计算公式：单位用水量工业增加值＝报告期工业增加值/同期水的消耗量。计量单位：万元/吨。资料来源：分别取自工业和能源统计年报。

（3）工业用地效率。指报告期内单位工业增加值所对应的用地面积。计算公式：工业用地效率＝报告期工业增加值/同期工业用地面积。计量单位：万元/公顷。资料来源：分别取自工业和国土部门统计年报。

2. 环境友好

（1）单位二氧化硫排放量取得的工业增加值。指报告期内单位排放的二氧化硫所对应的工业增加值。计算公式：＝报告期内工业增加值/同期二氧化硫排放量。计量单位：万元/吨。资料来源：分别取自工业和环境统计年报。

（2）单位化学需氧量排放量所对应的工业增加值。指报告期内单位排放的化学需氧量所对应的工业增加值。计算公式：=报告期工业增加值/同期化学需氧量排放。计量单位：万元/吨。资料来源：分别取自工业和环境统计年报。

（3）单位产生的固体废弃物所对应的工业增加值。指报告期内单位产生的固体废弃物所对应的工业增加值。计算公式：=报告期工业增加值/同期产生的固体废弃物。计量单位：万元/吨。资料来源：分别取自工业和环境统计年报。

3. 产业构成

（1）第三产业增加值占 GDP 比重。指报告期内第三产业增加值占 GDP 的比重。计算公式：=报告期第三产业增加值/同期 GDP 总量。计量单位:%。资料来源：取自核算统计年报。

（2）高新技术产业增加值占 GDP 比重。指报告期内高新技术产业增加值占 GDP 的比重。计算公式：=报告期高新技术产业增加值/同期 GDP 总量。计量单位:%。资料来源：分别取自高新和核算统计年报。

（3）原材料工业增加值占工业增加值比例。指报告期内原材料工业增加值域占工业增加值的比值，原材料工业主要包括：煤炭、石油天然气、黑色金属矿采选业、有色金属矿采选、石油加工及炼焦业、化学原料及化学制品、化学纤维制造业、非金属矿物制品、黑色金属冶炼及压延、有色金属冶炼及压延加工 10 类。计算公式：=报告期原材料工业增加值/同期工业增加值。计量单位:%。资料来源：取自工业统计年报。

4. 创新能力

（1）工业企业科技活动人员占年平均从业人员比重。指报告期内大中型工业企业科技活动人员占年平均从业人员的比重。计算公式：=报告期大中型工业企业科技活动人员/同期年平均从业人数。计量单位:%。资料来源：分别取自大中型工业企业科技统计年报。

（2）工业企业新产品销售收入占全部销售收入比重。指报告期内大中型工业企业新产品销售收入占全部销售收入的比重。计算公式：=报告期大中型工业企业新产品销售收入/全部销售收入。计量单位:%。资料来源:分别取自大中型工业企业科技统计年报。

(3) 工业企业研究与开发 R&D 经费支出占销售收入比重。指报告期内研究与开发 R&D 经费支出占销售收入的比重。计算公式:=报告期研究与开发 R&D 经费支出/销售收入。计量单位:%。资料来源:分别取自大中型工业企业科技统计年报。

9.3　长株潭区域产业数据采集

长株潭三个区域用 A—长沙、B—株洲、C—湘潭表示,采集 2005 ~ 2008年三个区域所有产业数据,如表9-2 所示。

表9-2　长株潭区域的原始数据

区域	X1	X2	X3	X4	X5	X6	X7	X8	X9	X10	X11	X12
A2005	0.886	66.9	396	97	960	6.63	41.2	10.5	4.9	9.2	19.1	1.53
A2006	0.945	75.4	456	115	1230	6.82	44.3	11.0	5.1	9.7	20.3	1.65
A2007	1.060	80.7	589	130	1607	7.14	48.7	12.4	5.5	10.1	26.0	1.88
A2008	1.124	102.5	956	217	2639	7.69	42.0	11.1	6.3	9.9	19.8	1.93
B2005	0.532	32.7	277	28.7	87	0.85	31.3	12.1	1.8	10.0	19.7	1.02
B2006	0.613	39.9	305	32.8	121	0.97	32.5	13.4	2.0	10.1	20.5	1.10
B2007	0.668	42.3	378	40.4	181	1.21	34.4	14.9	2.3	10.6	22.6	1.12
B2008	0.719	47.6	474	63.8	289	1.72	33.3	17.4	2.2	11.9	24.0	1.17
C2005	0.393	28.7	278	17.6	52	0.21	34.3	13.7	1.7	11.3	12.7	1.16
C2006	0.442	31.5	327	20.5	74	0.30	35.7	15.0	2.0	11.5	13.4	1.20
C2007	0.506	34.0	406	25.7	92	0.39	37.5	16.1	2.4	12.6	15.6	1.30
C2008	0.550	45.4	546	47.5	141	0.55	35.2	18.8	2.1	10.3	13.6	1.48

数据来源:长株潭各区域各年度的统计年鉴

9.4　长株潭区域产业"两型"化评价方法

9.4.1　客观评价法

采取多元统计分析的主成分法,它作为综合评价方法,不需要人为确定各因素的权重，主要由样本数据通过计算确定。它将原来的众多变量转化为相互独立的几个综合变量即为主成分，主成分可以反映原有众多变量的大部分信息。在几何意义上，主成分分析相当于将坐标轴旋转，使新坐标轴的方向成为数据点变差最大的方向。其数据处理大体过程是：按正态分布对原始数据进行标准化，以消除不同因素的量纲影响；计算各因数两两相关矩阵以及相关矩阵的特征根和特征向量，以各个特征根来计算各主成分的方差贡献，按累计方差贡献不小于85%选取主成分个数，列出选取的各主成分和各因素的关系方程，计算各样本的各个主成分得分，最后，以方差贡献所占比例为权数，计算各样本的综合得分。

系统运算结果，第一主成分的方差贡献为 74.8%，第二主成分的方差贡献为 10.6%，累计方差贡献为 85.4%，故选取两个主成分 F1 和 F2，根据因子载荷矩阵和特征根，主成分得分公式如下：

$$F1 = (0.974 \cdot ZX1 + 0.988 \cdot ZX2 + 0.774 \cdot ZX3 + 0.963 \cdot ZX4 + 0.991 \cdot ZX5 +$$
$$0.979 \cdot ZX6 + 0.86 \cdot ZX7 - 0.633 \cdot ZX8 + 0.988 \cdot ZX9 - 0.604 \cdot ZX10 +$$
$$0.509 \cdot ZX11 + 0.92 \cdot ZX12) / \sqrt{8.979} \tag{9-1}$$

$$F2 = (-0.027 \cdot ZX1 + 0.095 \cdot ZX2 + 0.535 \cdot ZX3 + 0.154 \cdot ZX4 + 0.061 \cdot ZX5$$
$$-0.126 \cdot ZX6 + 0.083 \cdot ZX7 + 0.647 \cdot ZX8 + 0.002 \cdot ZX9 + 0.598 \cdot ZX10 -$$
$$0.261 \cdot ZX11 + 0.285 \cdot ZX12) / \sqrt{1.274} \tag{9-2}$$

式中，ZX1～ZX12 分别为 X1～X12 的正态分布标准值。

$$F = 0.876 \cdot F1 + 0.124 \cdot F2 \tag{9-3}$$

最终各区域的评价结果如表9-3所示，从纵向比较来看，4 个年度各区域产业两型化发展水平均有提高，特别是 A 区域，产业两型化发展水平提高较快。从横向比较来看，A 区域产业两型化发展水平大于 B 区域，而 B 区域又大于 C 区域，A 区域的水平远远高于 B 区域和 C 区域。从实际情况来考察，从 2005 年以来，三个区域注重走新型工业道路，注重发展高新技术产业和以高新技术改造传统产业，努力降低资源消耗和减轻环境污染，所以产业两型化发展水平均有不同程度的提高。A 区域创新资源比较丰富以及科技教育力量较强，高新技术产业和服务业占比较大，所以产业两型化发展水平较高以及水平提升较快，而 B 区域和 C 区域以重化工业为主，故产业两型化发展水平远远不如 A 区域，它们还需要进行较大的努力。总之，评价结果比较切合实际情况。

表 9-3　各区域的主成分得分

区域	F1	F2	F
A2005	2.325	−1.441	1.858
A2006	3.079	−0.763	2.602
A2007	4.352	0.087	3.823
A2008	5.715	1.190	5.154
B2005	−2.061	−1.663	−2.012
B2006	−1.675	−1.194	−1.615
B2007	−1.332	−0.475	−1.225
B2008	−1.262	1.000	−0.982
C2005	−2.827	−0.104	−2.489
C2006	−2.564	0.431	−2.193
C2007	−2.237	1.448	−1.782
C2008	−1.511	1.483	−1.140

9.4.2　主观评价法

1. 指标无量纲处理

无量纲处理的计算公式为：正向指标：$Y_n = X_{1n}/X_{0n}$；逆向指标：$Y_n = X_{0n}/X_{1n}$。式中，0 为基期，1 为报告期，n 为评价指标序号，$n = 1, 2, \cdots, i$（i 为评价指标个数）。X_{0n} 为第 n 个评价指标的基期数值，X_{1n} 为这一评价指标的报告期数值，Y_n 为第 n 个评价指标经过无量纲处理后的数值。

2. 赋予指标权重

按专家评价法（德尔菲法或层次分析法，可以运用群决策方法）对四个一级指标以及相应的二级指标赋予权重。

3. 计算一级指标指数和总指数

将某一评价指标经无量纲处理后的数值（Y_n）乘以其权重，即得到这一评价指标的单项指数。将每一个一级指标中各项单项指数相加即可得一级指标指数，将各一级指标指数相加即得到总指数。

9.5 决策问题分析

决策问题包括需要决策的内容和过程，即评价对象、建立的指标体系、数据收集和评价、专家评价以及综合评价五个部分，其关系如图9-1所示。

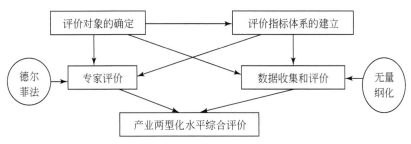

图9-1 产业两型化水平评价内容关系

第一部分为评价对象确定。首先要确定评价对象所在的产业，再根据要进行两型化水平评价的评价对象来确定评价对象的基本信息，具体包括能反映两型化水平的相关产业结构、规模、排放指标等。

第二部分为评价指标体系建立。在基础评价指标的基础上，结合第一部分产业的基本信息对评价指标体系的选取进行决策，对指标体系进行合理的增减或删除，建立全面评价产业两型化水平的指标体系。

第三部分为数据收集和评价。对第二部分调整后的指标实际数据进行收集，主要参考国民经济、能源、工业等方面的统计年报，在数据收集后进行无量纲化处理，进而对实际数据进行客观分析和评价。

第四部分为专家评价。决策专家通过登录系统，运用德尔菲法对产业两型化水平进行主观评价，此结果将和第三部分的评价指标的数据分析结果结合起来对产业的两型化水平进行评价。

第五部分为产业两型化水平综合评价。具体为：在对指标体系的实际数据进行处理时，评价专家按德尔菲法对四个一级指标以及相应的二级指标赋予权重,再将某一评价指标经无量纲处理后的数值(Y_n)乘以其权重,即得到这一评价指标的单项指数。将每个一级指标中各项单项指数相加即可得一级指标指数,将各一级指标指数相加即得到总指数。

9.6 系统处理流程

根据上述分析和评价方法,设计系统处理流程如图9-2所示。

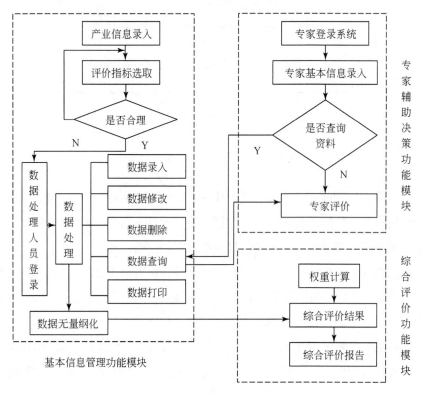

图 9-2 系统处理流程示意图

9.7 系统功能设计

产业两型化水平评价决策支持系统有以下四个基本功能模块:基本信息管

理、客观评价、专家辅助决策以及综合评价。系统功能结构图如图9-3所示。

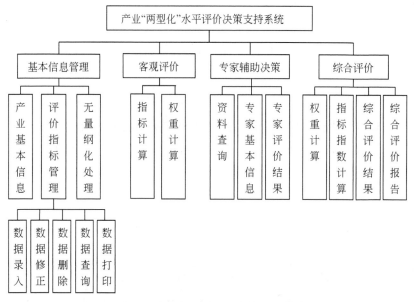

图9-3　产业两型化水平评价决策支持系统功能结构

（1）基本信息管理模块：包括产业基本信息、评价指标管理以及无量纲化处理这三个子功能模块，基本信息管理模块可以接收所有评价指标的实际数据，细化产业的基本信息和扩大该系统对产业两型化评价的应用范围，同时根据不同的产业来对产业两型化的评价指标进行管理，在此基础上对相关数据进行录入、修改、删除、查询和打印。

（2）客观评价模块：包括指标计算和指标权重计算。

（3）专家辅助决策模块：包括资料查询、专家基本信息以及专家评价结果这三个子功能模块。在基本信息管理功能模块的基础上，专家可以通过此功能对产业信息、指标体系和无量纲化的结果进行查询，以便进行前期的了解，在专家进行评价之前，需要录入专家的基本信息，系统可以对专家的基本信息进行管理，将预测的评价结果和专家评价的实际结果进行对照。

（4）综合评价模块：包括权重计算、指标指数计算、综合评价结果以及综合评价报告这四个子功能模块。按照专家运用德尔菲法得出的评价结果来计算评价指标的权重值，再结合数据无量纲化的结果来计算指标指数，综合得出产业两型化水平评价结果，生成综合评价决策报告。

9.8　系统开发

利用"复杂大群体决策支持平台（CLGDSP）"，采用"复杂问题求解决策问题"流程方式进行开发，开发后的"长株潭城市群两型社会产业评价支持系统"为 B/S 架构，可以运行于 Internet/Intranet 上。其中系统部分功能实现页面简单介绍如下。

系统主页面如图 9-4 所示。

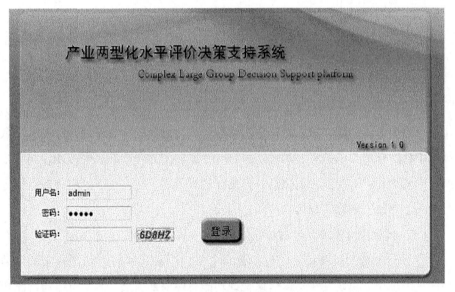

图 9-4　产业两型化水平评价决策支持系统主页

添加并维护决策问题，相应的决策问题管理页面如图 9-5 所示。

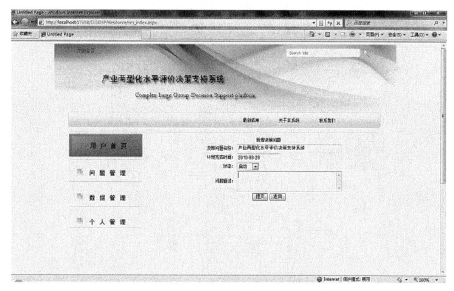

图 9-5　决策问题添加页面

对已有的决策问题进行任务分析和分解，产生一系列原子问题，相应的决策问题分解页面如图 9-6 所示。

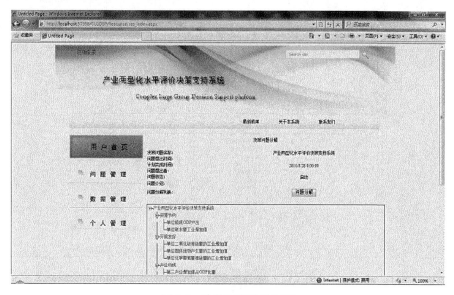

图 9-6　决策问题分解页面

对决策问题涉及的数据进行管理，相应的数据管理页面如图 9-7 所示。

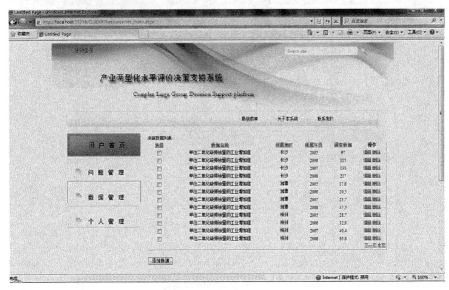

图 9-7　数据管理页面

问题分解方案管理页面如图 9-8 所示。

图 9-8　决策问题分解方案管理页面

为决策任务指派决策专家，相应的体管理页面如图 9-9 所示。

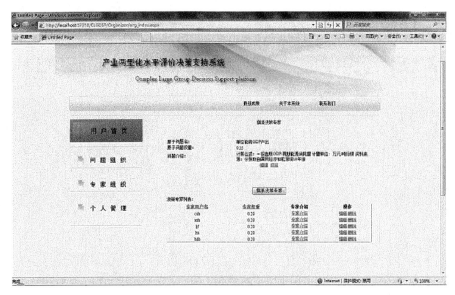

图9-9 决策群体管理页面

决策结果处理及查看，当专家对所有原子问题评价完成后，可以查看该问题的综合评价情况，相应的页面如图9-10所示。

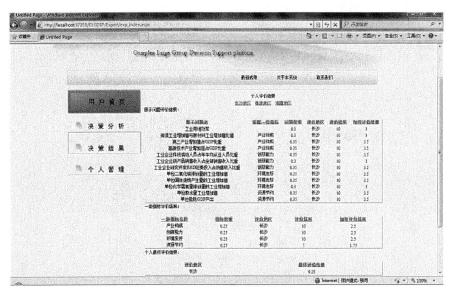

图9-10 决策结果页面

如果专家需要对决策结果进行修改，可对需要修改的原子问题进行重新评价，群体决策结果维护页面如图 9-11 所示。

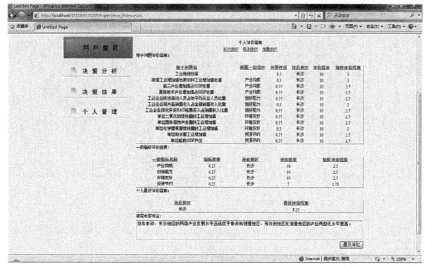

图 9-11　专家维护页面

群决策处理结果及查看，当每个专家决策完成之后，可以查看专家最新的决策结果，相应的页面如图 9-12 所示。

图 9-12　群决策处理结果页面

　　形成决策问题的决策方案，在专家决策结果下方会根据不同专家的决策结果生成专家的综合决策方案，即该决策问题的最终评价结果，相应页面如图 9-13 所示。

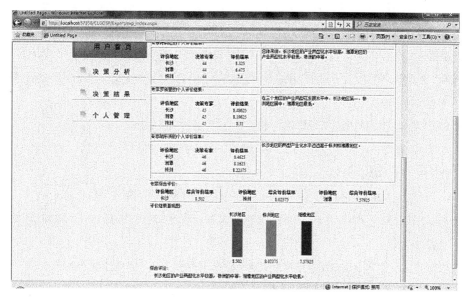

图 9-13　决策方案页面

9.9　本 章 小 结

　　本决策支持系统利用"复杂大群体决策支持平台（CLGDSP）"，根据长株潭产业两型化指标及其数据，通过系统需求分析、评价指标体系设计、评价方法设计，确定相应的决策问题，归为"复杂问题求解"决策问题。系统实现决策问题分解、问题分解方案形成、决策任务产生、问题求解过程控制、决策专家偏好冲突协调、群体意见集结、最佳决策方案生成等功能，最终完成对产业两型化水平的评价，为政府部门开展两型化建设工作提供决策依据。

参 考 文 献

安利平, 陈增强, 袁著祉. 2005. 基于粗集理论的多属性决策分析. 控制与决策, 20（3）: 294-298.

毕鹏程, 席酉民. 2002. 群体决策过程中的群体思维研究. 管理科学学报, 5（1）: 25-34.

薄涛, 李士雪. 2007. 突发公共卫生事件应急能力评价研究现状与展望. 预防医学论坛, 13 （7）: 628-630.

曹志平. 1999. 生态环境可持续管理. 北京: 中国环境科学出版社.

常本春, 耿雷华, 刘翠善, 等. 2006. 水利水电工程的生态效应评价指标体系. 水利水电科 技进展, 26（6）: 10-15.

常国刚. 2008. 加强气象灾害防御努力减轻灾害损失. 气象与减灾研究, 3（1）: 6-16.

陈长坤, 孙云凤, 李智. 2009. 冰雪灾害危机事件演化及衍生链特征分析. 灾害学, 24 （1）: 18-21.

陈华友. 2004. 多属性决策中基于离差最大化的组合赋权方法. 系统工程与电子技术, 26 （2）: 194-197.

陈华友, 刘春林. 2005. 群决策中基于不同偏好信息的相对熵集成方法. 东南大学学报（自 然科学版）, 35（2）: 311-315.

陈雷, 王延章. 2003. 基于熵权系数与 TOPSIS 集成评价决策方法的研究. 控制与决策, 18 （4）: 456-459.

陈世权, 孙有发, 李秀平, 等. 2000. 模糊排序专家系统及其在科研管理中的应用. 模糊系 统与数学, 14（3）: 94-99.

陈侠, 樊治平. 2007. 基于语言评价矩阵的评判专家水平研究. 系统工程与电子技术, 29 （10）: 1665-1668.

陈侠, 樊治平, 陈岩. 2007. 基于区间数决策矩阵的专家群体判断一致性. 东北大学学报 （自然科学版）, 28（10）: 1509-1513.

陈岩, 樊治平. 2005. 基于语言判断矩阵的群决策逆判问题研究. 系统工程学报, 20（2）: 211-215.

程胜高. 1999. 环境影响评价与环境规划. 北京: 中国环境科学出版社.

杜栋, 庞庆华. 2005. 现代综合评价方法与案例精选. 北京: 清华大学出版社.

范明天，张祖平，周孝信，等．2007. 城市供电应急管理研究与展望．电网技术，5（10）：38-40.

方朝阳．2007. 水利工程施工监理．武汉：武汉大学出版社．

高志刚．2008. 从南方雪灾看我国应急交通物流建设．武汉船舶职业技术学院学报，（3）：43-45.

管红波，田大钢．2004. 基于属性重要性的决策树规则提取算法．系统工程与电子技术，26（3）：334-337.

郭春香，郭耀煌．2005b. 属性具有不同形式偏好信息的群决策方法．系统工程与电子技术，27（1）：63-65.

郭春香，郭耀煌．2005a. 基于偏序偏好的多属性群决策问题的综合权重．系统工程与电子技术，27（7）：1243-1246.

郭庆军，赛云秀．2007. 基于熵权决策的项目方案评价．统计与决策，6：50-51.

贺仲雄．1983. 模糊数学及其应用．天津：天津科学技术出版社．

黄定轩，武振业，宗蕴璋．2004. 基于属性重要性的多属性客观权重分配方法．系统工程理论方法用，13（3）：203-207.

江文奇，华中生．2005a. 一种改进的群体效用集结方法．系统工程与电子技术，27（2）：253-256.

江文奇，华中生．2005b. 一种决策者判断一致性的聚类方法．中国管理科学，13（2）：35-39.

姜艳萍，樊治平．2005. 一种具有不同形式效用值的群决策方法研究．运筹与管理，14（2）：1-4.

井辉，席酉民．2006. 组织协调理论研究回顾与展望．管理评论，18（2）：50-56.

孔繁德．2005. 生态保护概论．北京：中国环境科学出版社．

李桂中，李建宗．2000. 电力建设与环境保护．天津：天津大学出版社．

李际平，陈端吕．2008. 森林景观类型环境耦合度模型的构建与应用．中南林业科技大学学报：自然科学版，28（4）：67-71.

李松真．2008. 公路施工期滑坡、土壤环境风险评价及评价系统研究——以常吉高速公路为实例．长沙：中南大学．

李武，席酉民，成思危．2002. 群体决策过程组织研究述评．管理科学学报，5（2）：55-66.

梁樑，熊立，王国华．2005．一种群决策中专家客观权重的确定方法．系统工程与电子技术，27（4）：662-665．

廖和平，洪惠坤，陈智．2007．三峡移民安置区土地生态安全风险评价及其生态利用模式——以重庆市巫山县为例．地理科学进展，26（4）：33-43．

廖貅武，唐焕文．2002．信息不完全确定的动态随机多属性决策方法．大连理工学报，42（1）：122-126．

刘传铭，王玲．2006．政府应急管理组织绩效评测模型研究．哈尔滨工业大学学报：社会科学版，8（1）：64-67．

刘开第，庞彦军，吴和琴．2005．一类专家意见的不确定性量化法与不确定性决策．数学的实践与认识，35（10）：23-28．

刘玉洁．2008．重庆巫山千丈岩梯级水电站的生态评价．安徽农业科学，36（15）：6578-6580．

吕跃进，郭欣荣．2007．群组 AHP 判断矩阵的一种有效集结方法．系统工程理论与实践，7：132-135．

莫靖龙，夏卫生，李景保，等．2009．湖南长株潭城市群灾害应急管理能力评价．灾害学，24（3）：137-140．

彭怡，胡杨，郭耀煌．2003．基于群体理想解的多属性群决策算法．西南交通大学学报，38（6）：682-685．

荣莉莉，张继永．2010．突发事件连锁反应的实证研究——以 2008 年初我国南方冰雪灾害为例．灾害学，25（1）：1-6．

宋光兴，杨槐．2000．群决策中的决策行为分析．学术探索，57（3）：48，49．

宋光兴，邹平．2001．多属性群决策中决策者权重的确定方法．系统工程，19（4）：84-89．

宋海洲，王志江．2003．客观权重与主观权重的权衡．技术经济与管理研究，3：62．

苏成权．2007．论水利水电工程的环境影响和对策措施．沿海企业与科技，（12）：147-149．

唐方成，席酉民．2001．基于情感关系的委员会决策的交互过程研究．管理科学学报，4（6）：60-65．

田依林．2008．城市突发公共事件综合应急能力评价研究．武汉：武汉理工大学．

铁永波，唐川，周春花．2006．城市灾害应急能力评价研究．灾害学，21（1）：8-11．

万洪涛，陈述彭．2000．特大自然灾害的综合观测和预测方法的探索．地球信息科学，4：42-47．

汪新凡.2008. 区间数多属性决策的 SPA-TOPSIS 方法. 湖南工业大学学报, 22 (1): 61-64.

王丹力, 戴汝为. 2002. 专家群体思维收敛的研究. 管理科学学报, 5 (2): 1-5.

王洪利, 冯玉强.2005. 基于云模型具有语言评价信息的多属性群决策研究. 控制与决策, 20 (6): 679-681.

王华东, 王飞.1995. 南水北调中线水源工程环境风险评价. 北京师范大学学报: 自然科学版, 31 (3): 410-414.

王慧彦, 李志伟.2008.2008 年雪灾的原因及日本应急制度给我国的启发. 防灾科技学院学报, 10 (2): 47-50.

王明, 叶青山, 王得道.2008. 电力系统自然灾害应急系统评价研究. 电力系统保护与控制, 13 (36): 57-59.

王欣荣, 樊治平.2003. 基于二元语义信息处理的一种语言群决策方法. 管理科学学报, 6 (5): 1-5.

王应明.2002. 基于相关性的组合预测方法研究. 预测, 2: 58-62.

王应明, 张军奎.2003. 基于标准差和平均差的权系数确定方法及其应用. 数理统计与管理, 22 (3): 22-26.

王勇, 李均平.2008. 论水电工程与生态环境可持续发展的关系. 水科学与工程技术, (2): 53-55.

魏翠萍.1999. 层次分析法中和积法的最优化理论基础及性质. 系统工程理论与实践, 19 (9): 113-116.

吴斌.2002. 群体智能的研究及其在知识发现中的应用. 北京: 国科学院计算技术研究所.

吴江, 黄登仕.2003. 多属性决策中区间数偏好信息的一致化方法. 系统工程理论方法应用, 12 (4): 359-362.

吴锦才.2008. 重大突发事件应急报道系统的主要取向和基本支撑. 中国记者, (7): 20-22.

吴新燕, 顾建华.2007. 国内外城市灾害应急能力评价的研究进展. 自然灾害学报, 16 (1): 109-114.

吴云燕, 华中生, 查勇.2003.AHP 中群决策权重的确定与判断矩阵的合并. 运筹与管理, 12 (4): 16-21.

席酉民, 尚玉钒, 井辉, 等.2009. 和谐管理理论及其应用思考. 管理科学学报, (1):

12-18.

夏勇其, 吴祈宗 . 2004. 一种混合型多属性决策问题的 TOPSIS 方法 . 系统工程学报, 19 (6) : 630-634.

徐平 . 2008. 公路交通事故河流环境风险评价方法研究 . 成都: 西南交通大学 .

徐泽水 . 2001. 模糊互补判断矩阵排序的一种算法 . 系统工程学报, 16 (4) : 311-314.

徐泽水 . 2001. 一种不确定型 OWA 算子及其在群决策中的应用 . 东南大学学报 (自然科学版), 32 (1) : 1-4.

徐泽水 . 2002. 互补判断矩阵的两种排序方法——权的最小平方法及特征向量法 . 系统工程理论与实践, 22 (7) : 71-75.

徐泽水 . 2003. 残缺互补判断矩阵 . 系统工程理论与实践, (6) : 93-97.

徐泽水 . 2004. 不确定多属性决策方法及应用 . 北京: 清华大学出版社 .

徐泽水 . 2004. 纯语言多属性群决策方法研究 . 控制与决策, 19 (7) : 778-786.

徐泽水 . 2005. 基于残缺互补判断矩阵的交互式群决策方法 . 控制与决策, 20 (8) : 913-916.

徐泽水 . 2006. 基于不同类型残缺判断矩阵的群决策方法 . 控制与决策, 21 (1) : 28-33.

徐泽水, 达庆利 . 2002. 多属性决策的组合赋权方法研究 . 中国管理科学, 10 (2) : 84-87.

徐章艳, 尹云飞 . 2005. 一种区间值聚类的数据挖掘方法 . 系统工程与电子技术, 27 (3) : 565-567.

徐仲 . 2002. 矩阵论简明教程 . 北京: 科学出版社 .

许永平, 王文广, 杨峰, 等 . 2010. 考虑属性关联的 TOPSIS 语言群决策法 . 湖南大学学报 (自然科学版), 37 (1) : 49-53.

杨勇, 张贵金 . 2008. 对 2008 年我国南方雪灾响应的反思 . 湖南水利水电, (4) : 62-64.

姚升保, 岳超源 . 2005. 基于综合赋权的风险型多属性决策方法 . 系统工程与电子技术, 27 (12) : 2047-2050.

姚云鹏 . 2006. 水电工程对河流生态系统的胁迫及对策研究 . 黑龙江水专学报, 33 (3) : 19-22.

尤天慧, 樊治平 . 2003. 不确定性多属性决策中确定熵权的一种误差分析方法 . 系统工程, 21 (1) : 101-104.

于春海, 樊治平 . 2004. 一种基于群体语言相似矩阵的聚类方法 . 系统工程, 22 (7) : 76-79.

于艳新，陈家军．2001．大庆地区油田开发排水工程环境风险评价初探．应用生态学报，12
　　（2）：283-286．

元继学，吴祈宗，于向军．2003．基于Bonissone近似算法的群决策方法．数学的实践与认
　　识，33（12）：66-71．

元继学，吴祈宗．2004．多属性群决策算法及一致性分析研究．数学的实践与认识，34
　　（8）：51-57．

曾雪兰，吉建华，吴小欢．2005．基于相容性指标的聚类分析专家赋权法．广西大学学报
　　（自然科学版），30（4）：337-340．

翟国静．1997．灰色关联度分析在水资源工程环境影响评价中的应用．水利学报，（1）：
　　68-77．

张伟，龚爱民．2005．浅谈水利工程对环境的影响．河北水利，（9）：1-1．

张尧，樊治平．2007．一种基于残缺语言判断矩阵的群决策方法．运筹与管理，16（3）：
　　31-35．

张振环．2008．从南方雪灾事件探讨我国电网建设的完善．中国科技论坛，（5）：102-105．

章玲．2007．基于关联的多属性决策分析理论及其应用研究．南京：南京航空航天大学．

周慧，朱国强，禹伟，等．2009．湖南2008年极端冰冻特大灾害成因分析及影响评估．灾
　　害学，24（1）：80-85．

周健，柏奎盛．2006．模糊信息优化处理技术在自然灾害风险分析中的应用及展望．应用基
　　础与工程科学学报，12：258-265．

周晓光，张强．2007．基于属性测度理论的群决策效果评价．北京理工大学学报，
　　27（2）：179-183．

朱建军．2006．群决策中两类不确定偏好信息的集结方法研究．控制与决策，21（8）：
　　889-897．

朱杰堂，史新生．1995．群决策的统计处理方法——序数法．郑州航空工业管理学院学报，
　　4：33-39．

Craig Fugate. 2008. Federal Emergency Management Agency（FEMA）and National Emergency
　　Management Association（NEMA）（2000）State Capability Assessment for Readiness（CAR）.
　　http：//www. fema. gov/doc/rrr/afterreport. doc［2008-08-09］.

Alam M K，Mirza M R，Maughan O E. 1995. Constraints and opportunities in planning for the wise
　　use of natural resources in developing countries：Example of a hydropower project.

Environmental conservation, 22 (4): 352-358.

Barrow C. 1988. The impact of hydroelectric development on the Amazonian environment: with particular reference to the Tucurui project. Journal of Biaogeography, 15: 67-78.

Bezdek J C. 1988. Recent convergence results for the fuzzy C-means clustering algorithm . Classification, 5 (2): 237-247.

Bharati P, Chaudhury A. 2004. An empirical investigation of decision-making satisfaction in Web-based decision support systems. Decision Support Systems, 37 (2): 187-197.

Bonabeau E, Dorigo M, Theraulaz G. 1999. Swa-rm Intelligence: From Natural to artificial systems . New York: Oxford University Press.

Bordogna G, Fedrizzi M, Passi G. 1997. A linguistic modelling of consensus in group decision making based on OWA operators. IEEE Transactions on Systems, Man and Cybernetics, 27: 126-132.

Briggs R O. 2003. Built for speed: introducing GroupSystems Cognito, Collaboration 2003: A Conference on Collaborative Technology Processes and Tools, Annapolis, MD2003 (Oct. 20-12) .

Carlsson C, Fuller R. 1995. Multiple criteria decision making: the case for interdependence. Computers & Operations Research, 22 (3): 251-260.

Carlsson C, Fuller R. 1996. Fuzzy multiple criteria decision making: recent developments. Fuzzy Sets and Systems, 78 (2): 139-153 .

Carlsson C, Fuller R. 2000. Multiobjective linguistic optimization. Fuzzy Sets and Systems, 115 (1): 5-10.

Chang P L, Chen Y C. 1994. A fuzzy multi-criteria decision making method for technology transfer strategy selection in biotechnology. Fuzzy Sets and Systems, 63: 131-139.

Chen M D, Liou Y C, Wang C W, et al. 2007. TeamSpirit: Design, implementation, and evaluation of a Web-based group decision support system. Decision Support Systems, 43: 1186-1202.

Chen M F, Tzeng G H. 2004. Combining grey relation and TOPSIS concepts for selecting an expatriate host country. Mathematical and Computer Modelling, 40 (13): 1473-1497.

Claussen J, Kemper A, Kossmann D, et al. 2000. Exploiting early sorting and early partitioning for decision support query processing. The VLDB Journal, 9: 190-213.

Delgado M, Herrera F, Herrera E, et al. 1998. Combining numerical and linguistic information in group decision making. Journal of Information Sciences, 107: 177-194.

Delgado M, Verdegay J L, Vila M A. 1994. A model for linguistic partial information in decision making problem. International Journal of Intelligent Systems, 9: 365-378.

Deneubourg J, Goss S, Franks N, et al. 1991. The Dynamics of Collective Sorting: Robot-like Ant and Ant-like Robot//Meyer A, Wilson W. Proceedings First Conference on Simulation of Adaptive Behavior: From Animals to Animates. Cambridge, MA: MIT Press.

Dennis A R, Pootheri S K. 1990. An experimental investigation of small, medium, and large groups in an EMS environrnenl. IEEE Transaction on SMC, 20 (5): 1049-1057.

Dennis A R, Quek F, Pootheri S K. 1996. Using the Internet to implement support for distributed decision making. In: Humphreys P, Bannon L, McCosh A, et al. Implementing Systems for Supporting Management Decisions: Concepts, Methods and Experiences. Chapman & Hall, London, 139-159.

Dong J, Du H S, Wang S, et al. 2004. A framework of Web-based decision support systems for portfolio selection with OLAP and PVM. Decision Support Systems, 37 (3): 367-376.

ElSherbiny A, Adly T. 2008. A model for environmental risk assessment for the construction of oil/gas processing facilities in coastal areas. Society of Petroleum Engineers- 9th International Conference on Health, Safety and Environment in Oil and Gas Exploration and Production 2008-"In Search of Sustainable Excellence", 2: 720-725.

Facchinetti G, Ricci R G. Muzzioli S. 1998. Note on raking fuzzy triangular numbers. International Journal of Intelligent Systems. 13: 613-622.

Fodor J, Roubens M. 1994. Fuzzy Preference Modeling and Multicriteria Decision Support. The Netherlands: Kluwer.

Gallupe R B, Tan F B, Salisbury W D. 1992. Electronic brainstorming and group size. Academy of Management Journal, 35: 350-369.

Haken H. 1985. Application of the maximum information entropy principle to selforganizing systems. Condensed Matter, 61: 335-338.

Hawkins D. 1980. Identification of Outliers. London: Chapman and Hall.

Herrera F, Herrera- Viedma E, Chiclana F. 2001. Multiperson decision-making based on multiplicative preference relations. European Journal of Operational Research, 129: 372-385.

Herrera F, Herrera- Viedma E, Verdegay J L. 1996. A model of consensus in group decision making under linguistic assessments. Fuzzy Sets and Systems, 78: 73-87.

Herrera F, Herrera-Viedma E. 1997. Aggregation operators for linguistic weighted information. IEEE Transactions on Systems, Man, and Cybernetics, 27: 646-656.

Herrera F, Martínez L. 2001. The 2-tuple linguistic computational model. Advantages of its linguistic description, accuracy and consistency. International Journal of Uncertainty, Fuzziness and Knowledge-Based Systems, 9: 33-48.

Herrera- Viedma E, Herrera F, Chiclana F. 2002. A consensus model for multiperson decision making with different preference structures. IEEE Trans. Syst. , Man, Cybern. A: Syst. Humans, 32 (3): 394-402.

Herrera- Viedma E, Martínez L, Mata F, et al. 2005. A consensus support system model for group decision- making problems with multigranular linguistic preference relations. IEEE Transactions on Fuzzy Systems, 13 (5): 644-658.

Hsu H M, Chen C T. 1996. Aggregation of fuzzy opinions under group decision making. Fuzzy Sets and Systems, 79: 279-285.

Huang C F, Inoue H. 2007. Soft risk maps of natural disasters and their applications to decision-making. Information Sciences, 177 (7): 1583-1592.

Inohara T. 2003. Clusterability of groups and information exchange in group decision making with approval voting system. Applied Mathematics and Computation, 136: 1-15.

Jahanshahloo G R, Lotfi F H, Izadikhah M. 2006. Extension of the TOPSIS method for decision-making problems with fuzzy data. Applied Mathematics and Computation, 181 (2): 1544-1551.

Jay Nunamaker. www. Groupsystems. com, copyright 1980's.

Kacprzyk J, Nurmi H, Fedrizzi M. 1997. Consensus Under Fuzziness. Boston, MA: Kluwer.

Karimi I, Hüllermeier E. 2007. Risk assessment system of natural hazards: A new approach based on fuzzy probability. Fuzzy Sets and Systems, 158 (9): 987-999.

Kim S H, Choi S H, Kim J K. 1999. An interactive procedure for multiple attribute group decision making with incomplete information: Range-based approach. European Journal of Operational Research, 118: 139-152.

Lahdelma R, Salminen P. 2001. SMAA-2: Stochastic multicriteria acceptability analysis for group decision making. Operations Research, 49（3）: 444-454.

Lahdelma R, Salminen P. 2002. Pseudo-criteria versus linear utility function in stochastic multi-criteria acceptability analysis. European Journal of Operational Research, 141（2）: 454-469.

Lahdelma R, Salminen P. 2006. Stochastic multicriteria acceptability analysis using the data envelopement model. European Journal of Operational Research, 170（1）: 241-252.

Li G L, Chen X Y. 2004. The discussion on the similarity of cluster analysis. Journal of Computer Engineering and Application, 40（31）: 64-82.

Liang G S. 1999. Fuzzy MCDM based on ideal and anti-ideal concepts. European Journal of Operational Research, 112: 682-691.

Lovett D C J C, Hatton J, Mwasumbi L B, et al. 1997. Assessment of the impact of the Lower Kihansi Hydropower Project on the forests of Kihansi Gorge, Tanzania. Biodiversity and Conservation, 6（7）: 915-934.

Lumber E, Faieta B. 1994. Diversity and Adap-tion in Populations of Clustering Ants . In: Meyer A, Wilson W. Proceeding of the Third International Conference on Simulation of Adaptive Behavior: From Animals to Animates . Cambridge, MA: MIT Press: 501-508.

Manful D Y, Kaule G, van de Giesen N. 2007. Application of a fuzzy logic approach for linking hydro- ecological simulation output to decision support. IAHS- AISH Publication, 3（17）: 54-59.

Mendon D, Beroggi G E G. 2006. Designing gaming simulations for the assessment of group decision support systems in emergency response. Safety Science, 44: 523-535.

Michael J S, Charlie A B. 2005. Modeling long- term risk to environmental and human systems at the Hanford nuclear reservation: Scope and findings from the initial model. Environmental Management, 35（1）: 84-98.

O'Leary D E. 1998. Knowledge acquisition from multiple experts: an empirical study. Management Science, 44（8）: 1049-1058.

Power D J, Kaparthi S. 2002. Building Web-based decision support systems. Studies in Informatics and Control, 11（4）: 291-302.

Qian W N, Zhou A Y. 2002. Analyzing popular clustering algorithms from different view - points. Journal of Software, 13（8）: 1382-1394.

Refsgaard J C, Sørensen H R, Mucha I, et al. 1998. An Integrated Model for the Danubian

Lowland-Methodology and Application. Water Resources Management, 12 (6): 433-465.

Rosenberg D M, Bodaly R A, Usher P J. 1995. Environmental and social impacts of large scale hydroelectric development: who is listening?. Global Environmental Change, 5 (2): 127-148.

Scholten L, van Knippenberg D. 2007. Motivated information processing and group decision-making: Effects of process accountability on information processing and decision quality. Journal of Experimental Social Psychology, 43: 539-552.

Scudder T. 2005. The future of large dams: dealing with social, environmental, institutional and political costs. U. K. Oxford: Earthscan Publications.

Shannon C E, Haken H. 1985. Application of the maximum information entropy principle to selforganizing systems. Condensed Matter, 61 (3): 335-338.

Smith S A. 1974. A derivation of entropy and the maximum entropy criterion in the context of decision problems. IEEE Transactions on Systems, Man and Cybernetics, SSC - 4: 157-159.

Van Den Honert R C. 2001. Decisional power in group decision making: a note on the allocation of group members' weights in the multiplicative AHP and SMART. Group Decision and Negotiation, 10: 275-286.

Wang C W, Horng R Y. 2002. The effects of creative problem solving training on creativity, cognitive type and R&D performance. R&D Management, 32 (1): 35-45.

WebIQ LLC. WebIQ 2. 0: Session Leader's Guide, WebIQ LLC. Silver Spring, MD, 2003.

Xu Z S, Da Q L. 2004. Linguistic approaches to multiple attribute decision making in uncertain linguistic setting. Journal of Southeast University (English Edition), 20 (4): 482-485.

Zahn C T. 1971. Graph-theoretical methods for detecting and describing gestalt clusters. IEEE Trans. On Computers, 20 (1): 68-86.

Zaras K. 2001. Rough approximation of a preference relation by a multi-attribute stochastic dominance for determinist and stochastic evaluation problems. European Journal of Operational Research, 130 (2): 305-314.

Zaras K. 2004. Rough approximation of a preference relation by a multi-attribute dominance for deterministic, s tochastic and fuzzy decision problems. European Journal of Operational Research, 159 (1): 196-206.